机械工程与自动化应用研究

曹继忠　刘显录　刘杰　著

辽宁大学出版社　沈阳
Liaoning University Press

图书在版编目（CIP）数据

机械工程与自动化应用研究/曹继忠，刘显录，刘杰著． --沈阳：辽宁大学出版社，2024.12． --ISBN 978-7-5698-1863-5

Ⅰ.TH-39

中国国家版本馆 CIP 数据核字第 2024NB3460 号

机械工程与自动化应用研究
JIXIE GONGCHENG YU ZIDONGHUA YINGYONG YANJIU

出 版 者：	辽宁大学出版社有限责任公司
	（地址：沈阳市皇姑区崇山中路 66 号　　邮政编码：110036）
印 刷 者：	鞍山新民进电脑印刷有限公司
发 行 者：	辽宁大学出版社有限责任公司

幅面尺寸：170mm×240mm

印　　张：12.75

字　　数：230 千字

出版时间：2024 年 12 月第 1 版

印刷时间：2025 年 1 月第 1 次印刷

责任编辑：李天泽

封面设计：高梦琦

责任校对：吴芮杭

书　　号：ISBN 978-7-5698-1863-5

定　　价：88.00 元

联系电话：024-86864613
邮购热线：024-86830665
网　　址：http://press.lnu.edu.cn

前　言

　　社会科技的快速发展使得我国工业发展的进程不断加快，我国机械制造和自动化的水平得到显著提升。机械制造与自动化不仅与工业生产有着密切的联系，同时也能为人们的生活提供更多的便利。因此，相关人员全面加强对机械制造技术的研发，并且全面提升机械自动化技术的应用效率十分必要。在各种系统中，有效地应用机械自动化技术的同时，不仅要充分考虑系统的实际功能和各方面的使用需求，同时也要考虑机械自动化技术的有效融入，以便使机械自动化在系统的运行过程当中发挥最大的作用。这样不仅能够为提升我国社会和经济发展的水平提供良好的保障，同时也能为我国机械行业的全面发展奠定良好的基础。

　　本书全面解析了机械工程从基本概念到现代发展的各个方面。本书首先介绍了机械工程的基础知识与重要性，详细讨论了机械工程中使用的各种材料，并对其性能进行了分析；之后研究了机械设计的原则与方法以及如何实现高效可靠的设计方案；此外本书还探讨了机械加工技术，及其在制造业中的作用和影响。最后我们着眼于机械工程的最新进展与趋势，分析了新兴技术和创新理念如何推动行业向前发展。整体而言，本书能够为机械工程与自动化应用相关理论的深入研究提供借鉴。

　　本书在写作过程中参考了相关领域诸多的著作、论文、教材等，引用了国内外部分文献和相关资料，在此一并对作者表示诚挚的谢意和致敬。由于水平及时间所限，作者在写作的过程中难免会存在一定的不足，对一些相关问题的研究不透彻，恳请前辈、同行以及广大读者斧正。

目 录

第一章 机械工程概述 …………………………………………………… 1

    第一节 机械与机械工程 …………………………………………… 1

    第二节 机械工程自动控制系统 …………………………………… 9

    第三节 机械制造概说 ……………………………………………… 13

第二章 机械工程材料 …………………………………………………… 18

    第一节 金属材料的性能 …………………………………………… 18

    第二节 高分子材料与陶瓷材料 …………………………………… 29

    第三节 其他工程材料 ……………………………………………… 39

    第四节 零件材料与工艺方法的选择 ……………………………… 44

第三章 机械设计 ………………………………………………………… 50

    第一节 平面连杆机构及其设计 …………………………………… 50

    第二节 凸轮机构及其设计 ………………………………………… 68

    第三节 链传动及其设计 …………………………………………… 81

    第四节 轴承及其设计 ……………………………………………… 86

第四章 机械工程加工 …………………………………………………… 101

    第一节 车削加工 …………………………………………………… 101

第二节　钳工 …………………………………………… 105
　　第三节　铣削加工 ………………………………………… 113
　　第四节　刨削及磨削 ……………………………………… 116

第五章　制造自动化及其应用 ………………………………… 122
　　第一节　自动化制造系统技术方案 ……………………… 122
　　第二节　机械制造的自动化技术 ………………………… 129
　　第三节　自动化技术的主要应用 ………………………… 140

第六章　机械工程新发展 ……………………………………… 157
　　第一节　增材制造与生物制造 …………………………… 157
　　第二节　智能制造与工业 4.0 …………………………… 173
　　第三节　现代机械工程教育 ……………………………… 183

参考文献 ………………………………………………………… 196

第一章 机械工程概述

第一节 机械与机械工程

人类成为"现代人"的标志是制造工具。古代的各种石斧、石锤，木质或皮质的简单粗糙的工具是后来出现的机械的先驱。从制造简单工具演进到制造由多个零件、部件组成的现代机械，其间经历了漫长的过程。

人类发展的历史证明，社会生产创造着人类社会的物质文明，推动了人类社会的发展。据统计，发达国家 60%～70% 的财富来源于制造业生产的产品。而制造业的主要支柱是机械。

一、基本概念

（一）工程

工程是应用科学和数学的原理，人们的实践经验、判断和常识创造造福于人类的产品的一门学科和技术。换句话说，工程就是制造满足某一特定需求的技术产品或系统的过程。

传统的工程学分五大学术领域：化学工程学、土木工程学、电子工程学、工业工程学及机械工程学。此外，还有更专业的工程领域，如太空工程学、原子工程学及生物医学工程学等。

工程是科学发现和商业应用之间的桥梁。例如，X 射线是著名科学家伦琴的一个重大的科学发现，但需要通过工程师的努力，才有可能得到很好的应用，造福于人类，典型的应用有医用 X 光机、工业用 X 光探伤仪等。

（二）机械

机械为机器和机构的泛称，是将已有的机械能或非机械能转换成便于利用的机械能，以及将机械能变换为某种非机械能或用机械能来做一定工作的装备或器具。第一类机械包括风力机、水轮机、汽轮机、内燃机、电动机、气动电机、液压电机等，统称为动力机械。第二类机械包括发电机、热泵、液压泵、压缩机等，这些机械统称为能量变换机械。第三类机械是利用人、畜或动力机械所提供的机械能以改变工作对象（原料、工件或工作介质）的物理状态、性质、结构、形状、位置等的机械，例如制冷装置、造纸机械、粉碎机械、物料搬运机械等，这类机械统称为工作机械。

各种机械的共同特征：①都是人类制造的实体组合；②其组成件之间有确定的相对运动和力的传递；③进行机械能的转换或机械能的利用。还有一些装置或器械，其组成件间没有相对运动，也没有机械能的转换和利用，如蒸汽发生器、凝汽器、换热器、反应塔、精馏塔、压力容器等。但由于它们是通过机械加工而制成的产品，也被认为属于机械范畴。机械是现代社会进行生产和服务的五大要素（即人、资金、能量、材料和机械）之一，并且能量和材料的生产还必须有机械的参与。

（三）机械工程

机械工程是以有关的自然科学和技术科学为理论基础，结合在生产实践中积累的技术经验，研究和解决在开发、设计、制造、安装、运用和修理各种机械中的全部理论和实际问题的一门应用学科。

机械工程科学可分成两大分支学科：机械学和机械制造。

机械学是对机械进行功能综合并定量描述以及控制其性能的基础技术科学。它的主要任务是把各种知识、信息注入设计，将其加工成机械系统能够接受的信息并输入机械制造系统，以便生产出满足使用要求和能被市场接受的产品。机械学包括机构学、机械振动学、机械结构强度学、摩擦学、设计理论与方法学、传动机械学、微机械学和机器人机械学等。

机械制造是将设计输出的指令和信息输入机械制造系统，加工出合乎设计要求的产品的过程。机械制造科学是研究机械制造系统、机械制造过程和制造手段的科学。它包括机械制造冷加工和机械制造热加工两大部分。

时至今日，机械工程的理论基础不再局限于力学，制造过程的基础也不只是设计与制造经验及技艺的总结。今天的机械工程科学比以往任何时候更紧密地依赖诸如数学、物理、化学、微电子、计算机、系统论、信息论、控制论及现代化管理等各门学科及其最新成就。

二、机械工程的服务领域与工作内容

（一）机械工程的服务领域

机械工程的服务领域广阔而多面，凡是使用机械、工具，以至能源和材料生产的部门，无不需要机械工程的服务。概括说来，现代机械工程有五大服务领域。

(1) 研制和提供能量转换机械，包括将热能、化学能、原子能、电能、流体压力能和天然机械能转换为适合于应用的机械能的各种动力机械，以及将机械能转换为所需要的其他能量（电能、热能、流体压力能、势能等）的能量变换机械。

(2) 研制和提供用以生产各种产品的机械，包括应用于第一产业的农、林、牧、渔业机械和矿山机械，以及应用于第二产业的各种重工业机械和轻工业机械。

(3) 研制和提供从事各种服务的机械，包括交通运输机械，物料搬运机械，办公机械，医疗器械，通风、采暖和空调设备，除尘、净化、消声等环境保护设备等。

(4) 研制和提供家庭和个人生活中应用的机械，如洗衣机、冰箱、钟表、照相机、运动器械等。

(5) 研制和提供各种机械武器。

(二) 机械工程的工作内容

不论服务于哪一领域，机械工程的工作内容基本相同，按其工作性质可分为六个方面。

(1) 建立和发展可以实际地和直接地应用于机械工程的工程理论基础。这主要包括研究力和运动的工程力学和流体力学；研究金属和非金属材料的性能及其应用的工程材料学；研究材料在外力作用下的应力、应变等的材料力学；研究热能的产生、传导和转换的燃烧学、传热学和热力学；研究摩擦、磨损和润滑的摩擦学；研究机械中各构件间的相对运动的机构学；研究各类有独立功能的机械元件的工作原理、结构、设计和计算的机械原理和机械零件学；研究金属和非金属的成型和切削加工的金属工艺学和非金属工艺学等。

(2) 研究、设计和发展新的机械产品，不断改进现有机械产品和生产新一代机械产品，以适应当前和将来的需要。这主要包括调研和预测社会对机械产品的新的要求；探索应用机械工程和其他工程技术中出现的新理论、新技术、新材料、新工艺，进行必要的新产品试验、试制、改进、评价、鉴定和定型；分析正在试用的和正式使用的机械存在的缺点、问题和失效情况，并寻求解决措施。

(3) 机械产品的生产。这主要包括生产设施的规划和实现；生产计划的制订和生产调度；编制和贯彻制造工艺；设计和制造工具、模具；确定劳动定额和材料定额；组织加工、装配、试车和包装发运；对产品质量进行有效的控制。

(4) 机械制造企业的经营和管理。机械一般是由许多各有独特的成型、加工过程的精密零件组装而成的复杂的制品,生产批量有单件和小批,也有中批、大批,直至大量生产,销售对象遍及全部产业和个人、家庭,而且销售量在社会经济状况的影响下可能出现很大的波动。因此,机械制造企业的管理和经营特别复杂和困难。企业的生产管理、规划和经营等的研究也多始于机械工业。生产工程、工业工程等在成为独立学科之前,都曾是机械工程的分支。

(5) 机械产品的应用。这方面包括选择、订购、验收、安装、调整、操作、维护、修理和改造各产业所使用的机械和成套机械装备,以保证机械产品在长期使用中的可靠性和经济性。

(6) 研究机械产品在制造过程中,尤其是在使用中所产生的环境污染和自然资源过度耗费方面的问题及其处理措施。这是现代机械工程的一项特别重要的任务,而且其重要性与日俱增。

三、机械工程技术的发展趋势

21世纪,能源信息技术与制造技术的融合,使得工业的社会形态不断发生变化(经济全球化、信息大爆炸、资源受环境约束等),并引发了相应的工业革命。21世纪机械工程技术有以下发展趋势。

(一)绿色

进入21世纪,绿色低碳生产与生活方式深入人心,保护地球环境、保持社会可持续发展已成为世界各国共同关心的议题。国务院发布的《关于加快推进生态文明建设的意见》指出,坚持以人为本、依法推进,坚持节约资源和保护环境的基本国策,把生态文明建设放在突出的战略位置,协同推进新型工业化、信息化、城镇化、农业现代化和绿色化。

我国制造工艺综合能耗水平与工业发达国家相比存在较大差距,我国每吨铸件铸造工艺能耗比国际先进水平高80%,每吨锻件锻造工艺能耗高70%,每吨工件热处理工艺能耗高47%。焊接材料可产生大量的焊接烟尘,是典型的高污染材料,我国焊接材料产量超过世界总产量的50%,焊条应用比重为50%左右,而日本仅为15%。机床作为制作加工系统主体,能耗大、能效低。据统计,机床使用过程消耗的能源占其整个生命周期消耗能源的95%,机床在使用阶段的碳排放占其生命周期碳排放的82%。机床在整个生命周期中真正用于加工的仅占15%。

机械工程技术绿色发展体现在以下五个方面:

(1) 产品设计绿色化。在产品设计阶段将环境影响和预防污染措施纳入设计中,着重考虑产品环境属性,并将其作为设计的主要目标。同时,产品设计时重点考虑绿色低碳材料的选择、产品轻量化、产品易拆卸以及可回收性设计、产品全生命周期评价。

（2）制造工艺及装备绿色化。以在源头削减污染物产生为目标，革新传统生产工艺及装备，通过优化工艺参数、工艺材料，提升生产过程效率，降低生产过程中辅助材料的使用和排放量。用高效绿色生产工艺技术装备逐步改造传统制造流程，广泛应用清洁高效精密成型工艺、高效节材无害焊接、少无切削液加工技术、清洁表面处理工艺技术等，有效实现绿色生产。

（3）处理回收绿色化。发展以无毒无污染为目标的绿色拆解技术；发展以废旧零部件为对象的再制造技术；建立产品再资源化体系，通过回收再资源化技术，提高产品再资源化率。在航空发动机、燃气轮机、机床、工程机械等领域广泛应用大型成套设备及关键零部件的再制造技术。

（4）制造工厂绿色化。制造工厂及生产车间向绿色、低碳升级，实现原料无害化、生产洁净化、废物资源化、能源低碳化，形成可复制拓展的工厂绿色化模式。统筹应用节能、节水、减排效果突出的绿色技术和设备，提高绿色低碳能源使用比率，加强可再生资源利用和分布式供能。

（5）绿色制造绩效评估。针对制造过程污染预防与能源效率进行监控、管理。建立污染预防与能效评估方法、评估数据库、评估工具、评估标准以及专业评估团队。

（二）智能

20世纪50年代诞生的数控技术以及随后出现的机器人技术和计算机辅助设计技术，开创了数字化技术用于制造活动的先河，也满足了制造产品多样化对柔性制造的要求；传感技术的发展和普及，为大量获取制造数据和信息提供了便捷的技术手段；人工智能技术的发展为生产数据与信息的分析和处理提供了有效的方法，给制造技术增添了智能的翅膀。

智能制造技术是面向产品全生命周期中的各种数据与信息的感知与分析，经验与知识的表示与学习以及基于数据、信息、知识的智能决策与执行的一门综合交叉技术，旨在不断提高生产的灵活性，实现决策优化，提高资源生产率和利用效率。复杂、恶劣、危险、不确定的生产环境，熟练工人的短缺和劳动力成本的上升呼唤着智能制造技术与智能制造的发展和应用。可以预见，21世纪将是智能制造技术获得大发展和广泛应用的时代。

智能制造具有以下六大特征：

（1）自律能力。具有能获取与识别环境信息和自身信息，并进行分析判断和规划自身行为的能力。

（2）人机交互能力。智能制造是人机一体化的智能系统。人在制造系统中处于核心地位，同时在智能装置的配合下，更好地发挥出人的潜能，使人机之间表现出一种平等共事、相互理解、相辅相成、相互协作的关系。

（3）建模与仿真能力。以计算机为基础，融信息处理、智能推理、预测、仿真和多媒体技术为一体，建立制造资源的几何模型、功能模型、物理模型，模拟制造过程和未来的产品，从感官和视觉上使人获得完全如同真实的感受。

（4）可重构与自组织能力。为了适应快速多变的市场环境，系统中的各组成单元能够依据工作任务的需要，实现制造资源的即插即用和可重构，自行组成一种最佳、自协调的结构。

（5）学习能力与自我维护能力。能够在实践中不断地充实知识库，具有自学习功能。同时，在运行过程中具有故障自诊断、故障自排除、自行维护的能力。

（6）大数据分析处理能力。通过整合、分析制造工艺数据、制造设备数据、产品数据、订单数据以及生产过程中产生的其他数据，能够使生产控制更加及时准确，生产制造的协同度和柔性化水平显著增强，真正实现智能化。

（三）超常

现代基础工业、航空、航天、电子制造业的发展，对机械工程技术提出了新的要求，促成了各种超常态条件下制造技术的诞生。目前，工业发达国家已将超常制造列为重点研究方向，在未来 20～30 年间将加大科研投入，力争取得突破性进展。人们通过科学实践，将不断发现和了解在极大、极小尺度，或在超常制造外场中物质演变的过程规律以及超常态环境与制造受体间的交互机制，向下一代制造尺度与制造外场的超常制造发起挑战。超常制造的发展方向主要体现在以下六个方面：

（1）巨系统制造。如航天运载工具、10 万千瓦以上的超级动力设备、数百万吨级的石化设备、数万吨级的模锻设备、新一代高效节能冶金流程设备等极大尺度、极复杂系统和功能极强设备的制造。

（2）微纳制造。对尺度为微米和纳米量级的零件和系统的制造，如微纳电子器件、微纳光机电系统、分子器件、量子器件、人工视网膜、医用微机器人、超大规模集成电路的制造。

（3）超常环境下及超常环境下服役的关键零部件的制造。如在超常态的强化能场下，进行极高能量密度的激光、电子束、离子束等强能束制造；航空发动机高温单晶叶片的制造；太空超高速飞行器耐高温、低温材料的加工制造；超高压深海装备零部件的制造；增材制造装备在太空环境下的安装及使用等。

（4）超精密制造。对尺寸精度和形位精度优于亚微米级、粗糙度优于几十纳米的零件的超精密加工。如高速摄影机和自动检测设备的扫描镜，大型天体望远镜的反射镜，激光核聚变用的光学镜，武器的可见光、红外夜视扫描系统,导弹、智能炸弹的舵机执行系统。

(5) 超高速加工。采用超硬材料的刃具和超高速切削、磨削加工工艺,利用高速数控机床和加工中心,通过提高切削速度和进给速度来提高材料切除率,获得较高的加工精度、加工质量以及加工效率,如在大型或重型零件的切削加工中进行超高速切削。

(6) 超常材料零件的制造。采用数字化设计制造技术(并行设计制造技术),同时完成零件内部组织结构和三维形体的制造,制造出具有"超常复杂几何外形及内部结构"和"超常物理化学等功能"的超常材料零件(理想材料零件),实现零件材料"非均质"的梯度功能。

(四) 融合

随着信息、新材料、生物、新能源等高新技术的发展以及社会文化的进步,新技术、新理念与制造技术的融合,将会形成新的制造技术、新的产品和新型制造模式,从而引起技术的重大突破和技术系统的深度变革。

在未来机械工业的发展中,将更多地融入各种高技术和新理念,使机械工程技术发生质的变化,就目前可以预见到的,将表现在以下几个方面:

(1) 与制造工艺融合。车铣镗磨复合加工、激光电弧复合热源焊接、冷热加工等不同工艺通过融合,将出现更高性能的复合机床和全自动柔性生产线;激光、数控、精密伺服驱动、新材料与制造技术相融合,将产生更先进的快速成型工艺;基于增材、减材、等材的复合加工技术,将使得金属零件的直接快速成型、修复和改性成为可能。

(2) 与信息技术融合。以物联网、大数据、云计算、移动互联网等为代表的新一代信息技术与机械工程技术的融合,应用在机械设计、制造工艺、制造流程、企业管理、业务拓展等各个环节,涌现出机械工程技术的新业态模式。一方面,信息网络技术使企业间能够在全球范围内迅速发现和动态调整合作对象,整合优势资源,在研发、制造、物流等各产业链环节实现全球分散化生产;另一方面,制造技术与大数据的融合,可以精准快速响应用户需求,提高研发设计水平。将大数据融入可穿戴设备、家居产品、汽车产品的功能开发中,将推动技术产品的跨越式创新。

(3) 与新材料融合。先进复合材料、电子信息材料、新能源材料、先进陶瓷材料、新型功能材料(含高温超导材料、磁性材料、金刚石薄膜、功能高分子材料等)、高性能结构材料、智能材料等将在机械工业中获得更广泛的应用,并催生新的生产工艺。

(4) 与生物技术融合。模仿生物的组织、结构、功能和性能的生物制造,将给制造业带来革命性的变化。今后,生物制造将由简单的结构和功能仿生向结构、功能和性能耦合方向发展。制造技术与生命科学和生物技术的融合，制造出人造器官，逐步实现生物的自组织、自生长等性能，帮助人们恢复某些器官的功能，从而延长寿命，提高生活质量。

（5）与纳米技术融合。纳米材料表征技术水平将进一步提高，新的光学现象很有可能被发现，促进新光电子器件的发明，对纳米结构的尺寸、材料纯度、位序以及成分的精确控制将取得突破性进展，相应的纳米制造技术将会同步发展。

（6）人机融合。人、机器与产品将会充分利用信息技术和制造技术的融合，实现实时感知、动态控制以及深度协同。

（7）文化融合。知识与智慧、情感与道德等因素将更多地融入产品设计、服务过程，使汽车、电子通信产品、家用电器、医疗设备等产品的功能得以大幅度扩展与提升，更好地体现人文理念和为民生服务的特性。

（五）服务

进入 21 世纪，全球宽带、云计算、云存储、大数据的发展为制造文明进化提供了创新技术驱动和全新信息网络物理环境。全球市场多样化、个性化的需求和资源环境的压力等成为制造文明转型新的需求动力。制造业将从工厂化、规模化、自动化为特征的工业制造文明，向多样化、个性化、定制式，更加注重用户体验的协同创新、全球网络智能制造服务转型。

目前，制造服务业态已在众多行业领域逐渐渗透，制造服务技术将成为机械工程技术的重要组成部分，为支撑产品的全价值链服务。支撑服务型制造的机械工程技术将呈现以下发展趋势：

（1）个性化。满足个性化需求的小批量定制生产日益明显，更加注重用户体验。企业从"产品导向"转向"客户导向"，从挖掘客户更深层次的需求出发，提升产品的内涵以及提高产品的市场竞争力。

（2）集成化。机械工程技术服务以产品全生命周期为目标，应用范畴从以产品为中心向以服务为中心的技术服务集成转变，覆盖策划咨询、系统设计、产品研发、生产制造、安装调试、故障诊断、运行维护、产品回收及再制造等范畴，通过技术集成达到服务功能的集成。

（3）增值化。现代物流系统的普遍采用、射频识别技术的推广应用、高速网络与装备系统的结合、通信技术与工程项目的结合，使得工程技术与服务以多种形式融合与再造，向产品价值链两端延伸。

（4）智能化。随着互联网、云计算、大数据、物联网等新一代信息技术与工程技术的综合集成应用，基于智能制造产品、系统和装备的智能技术服务模式逐渐拓展。制造全过程的大数据提取、分析及应用与工程技术全面融合，催生出智慧战略服务、网络智能设计、远程分析诊断支持等智能服务。

（5）全球化。随着信息网络技术与先进制造技术的深度融合，绿色智能设计制造、新材料与先进增材减材制造工艺、生物技术、大数据与云计算等技术创新引领全球制造业向绿色低碳、网络智能、超常融合、共创分享为特点的全球制造服务转变。可以说，世界已跨入个性化需求拉动的数字化、定制式制造服务。

第二节　机械工程自动控制系统

一、机械制造自动化概述

（一）制造自动化的内涵

制造自动化就是在广义制造过程的所有环节采用自动化技术，实现制造全过程的自动化。

制造自动化的概念是一个动态发展过程。在"狭义制造"概念下，制造自动化的含义是生产车间内产品的机械加工和装配检验过程的自动化，包括切削加工自动化、工件装卸自动化、工件储运自动化、零件及产品清洗及检验自动化、断屑与排屑自动化、装配自动化、机器故障诊断自动化等。而在"广义制造"概念下，制造自动化则包含了产品设计自动化、企业管理自动化、加工过程自动化和质量控制自动化等产品制造全过程以及各个环节综合集成自动化，以便产品制造过程实现高效、优质、低耗、及时和洁净的目标。

制造自动化促使制造业逐渐由劳动密集型产业向技术密集型和知识密集型产业转变。制造自动化技术是制造业发展的重要标志，代表着先进的制造技术水平，也体现了一个国家科技水平的高低。

（二）机械制造自动化的主要内容

如前文所述，机械制造自动化包括狭义的机械制造过程和广义的机械制造过程，这里主要讲述的是机械加工过程以及与此关系紧密的物料储运、质量控制、装配等过程的狭义制造过程。因此，机械制造过程中主要有以下自动化技术。

（1）机械加工自动化技术包括上下料自动化技术、装卡自动化技术、换刀自动化技术和零件检测自动化技术等。

（2）物料储运过程自动化技术包含工件储运自动化技术、刀具储运自动化技术和其他物料储运自动化技术等。

（3）装配自动化技术包含零部件供应自动化技术和装配过程自动化技术等。

（4）质量控制自动化技术包含零件检测自动化技术，产品检测自动化和刀具检测自动化技术等。

（三）机械制造自动化的意义

（1）提高生产率制造系统的生产率表示在一定的时间范围内系统生产总量的大小，而系统的生产总量是与单位产品制造所花费的时间密切相关的。采用自动化技术后，不仅可以缩短直接的加工制造时间，更可以大幅度缩短产品制造过程中的各种辅助时间，从而使生产率得以提高。

（2）缩短生产周期现代制造系统所面对的产品特点是：品种不断增多，而批量却在不断减小。据统计，在机械制造企业中，单件、小批量的生产占85%左右，而大批量生产仅占15%左右。单件、小批量生产占主导地位的现象目前还在继续发展，因此可以说，传统意义上的大批大量生产正在向多品种、小批量生产模式转换。据统计，在多品种、小批量生产中，被加工零件在车间的总时间的95%被用于搬运、存放和等待加工中，在机床上的加工时间仅占5%。而在这5%的时间中，仅有1.5%的时间用于切削加工，其余3.5%的时间又消耗于定位、装夹和测量的辅助动作上。采用自动化技术的主要效益在于可以有效缩短零件98.5%的无效时间，从而有效缩短生产周期。

（3）提高产品质量在自动化制造系统中，由于广泛采用各种高精度的加工设备和自动检测设备，减少了工人因情绪波动给产品质量带来的不利影响，因而可以有效提高产品的质量和质量的一致性。

（4）提高经济效益采用自动化制造技术，可以减少生产面积，减少直接生产工人的数量，减少废品率，因而就减少了对系统的投入。由于提高了劳动生产率，系统的产出得以增加。投入和产出之比的变化表明，采用自动化制造系统可以有效提高经济效益。

（5）降低劳动强度采用自动化技术后，机器可以完成绝大部分笨重、艰苦、烦琐甚至对人体有害的工作，从而降低工人的劳动强度。

（6）有利于产品更新现代柔性自动化制造技术使得变更制造对象非常容易，适应的范围也较宽，十分有利于产品的更新，因而特别适合于多品种、小批量生产。

（7）提高劳动者的素质现代柔性自动化制造技术要求操作者具有较高的业务素质和严谨的工作态度，无形中就提高了劳动者的素质。特别是采用小组化工作方式的制造系统中，对人的素质要求更高。

（8）带动相关技术的发展实现制造自动化可以带动自动检测技术、自动化控制技术、产品设计与制造技术、系统工程技术等相关技术的发展。

（9）体现一个国家的科技水平自动化技术的发展与国家的整体科技水平有很大的关系。例如，1870年以来，各种新的自动化制造技术和设备基本上都首先出现在美国，这与美国高度发达的科技水平密切相关。

总之，采用自动化制造技术可以大大提高企业的市场竞争能力。

二、机械工程自动控制系统的基本结构

输入元件：又称给定元件，其作用是产生与输出量的期望值相对应的系统输入量。

反馈元件：其作用是产生与输出量有一定函数关系的反馈信号。这种反馈信号可能是输出量本身，也可能是输出量的函数。

比较元件：其作用是比较由给定元件给出的输入信号和由反馈元件反馈回来的反馈信号，并产生反映两者差值的偏差信号。

放大变换元件：其作用是将比较元件给出的偏差信号进行放大并完成不同能量形式的转换，使之具有足够的幅值、功率和信号形式，以便驱动执行元件控制被控对象。

执行元件：其作用是直接驱动被控对象运动，以使系统输出量发生变化。

被控对象：就是控制系统所要操纵和控制的对象。

校正元件：又称校正装置，其作用是校正系统的动态特性，使之达到性能指标要求。

在工程实际中，比较元件、放大元件及校正元件常常合在一起形成一个装置，这样的装置一般称为控制元件。

三、机械工程自动控制系统的分类

机械自动控制系统有许多类型及分类方法，在此仅介绍以下几种。

（一）按控制系统有无反馈划分

前面已经提到，如果检测系统检测输出量，并将检测结果反馈到输入端，参加控制运算，这样的系统称为闭环控制系统。如果在控制系统的输出端与输入端之间没有反馈通道，则称此系统为开环控制系统。开环控制系统的控制作用不受系统输出的影响。如果系统受到干扰，使输出偏离了正常值，则系统便不能自动改变控制作用，而使输出返回到预定值。所以，一般开环控制系统很难实现高精度控制。前面列举的自动控制例子均为闭环控制系统。自动控制理论主要研究闭环系统的性能分析和系统设计问题。

（二）按控制系统中的信号类型划分

如果控制系统各部分的信号均为时间的连续函数，如电流、电压、位置、速度及温度等，则称其为连续量控制系统，也称为模拟量控制系统。如果控制系统中有离散信号，则称其为离散控制系统。计算机处理的是数字量，是离散量，所以计算机控制系统为离散控制系统，也称为数字控制系统。

（三）按控制变量的多少划分

如果系统的输入、输出变量都是单个的，则称其为单变量控制系统。前面所举的两个例子均属单变量控制系统问题。如果系统有多个输入、输出变量，则称此系统为多变量控制系统。多变量控制系统是现代控制理论研究的对象。

（四）按系统控制量变化规律划分

如果系统调节目标是使控制量为一常量，则称其为恒值调节系统。前面所举的蒸汽机转速控制系统和水位控制系统均为恒值调节系统，常见的恒温或恒压控制系统也为恒值调节系统。恒值调节系统和随动系统均为闭环系统，它们的控制原理没有区别。如果系统的控制量按预定的程序变化，则称其为程序控制系统。数控机床、工业机器人及自动生产线等均为程序控制系统。

（五）按系统本身的动态特性划分

系统的数学模型描述系统的动态特性。如果系统的数学模型是线性微分方程，则称其为线性系统；如果系统中存在非线性元器件，系统的数学模型是非线性方程，则称其为非线性系统。

（六）按系统采用的控制方法划分

在模拟量控制系统中，按控制器的类型可分为比例微分（proportional differential，PD）、比例积分（proportional integral，PI）和 PID 控制。

四、自动控制系统的基本要求

由于控制目的不同，不可能对所有控制系统有完全一样的要求。但是，对控制系统有一些共同的基本要求，归结如下。

（一）稳定性

稳定性是指系统在受到外部作用之后的动态过程的倾向和恢复平衡状态的能力。当系统的动态过程是发散的或由于振荡而不能稳定到平衡状态时，则系统是不稳定的。不稳定的系统是无法工作的。因此，控制系统的稳定性是控制系统分析和设计的首要内容。

（二）快速性

系统在稳定的前提下，响应的快速性是指系统消除实际输出量与稳态输出量之间误差的快慢程度。快速性体现了系统对输入信号的响应速度，表现了系统追踪输入信号的反应能力。

（三）准确性

准确性是指在系统达到稳定状态后，系统实际输出量与给定的希望输出量之间的误差大小，它又称为稳态精度。系统的稳态精度不但与系统有关，而且与输入信号的类型有关。

对于一个自动化系统来说，最重要的是系统的稳定性，这是自动控制系统能正常工作的首要条件。要使一个自动控制系统满足稳定性、准确性和响应快速性要求，除了要求组成此系统的所有元器件性能稳定、动作准确和响应快速外，更重要的是应用自动控制理论对整个系统进行分析和校正，以保证系统整体性能指标的实现。一个性能优良的机械工程自动控制系统绝不是机械和电气的简单组合，而是对整个系统进行仔细分析和精心设计的结果。自动控制理论为机械工程自动控制系统分析和设计提供理论依据与方法。

第三节　机械制造概说

一、机械制造的含义

机械是现代社会进行生产和服务的六大要素（人、资金、能量、信息、材料和机械）之一，并且能量和材料的生产还必须有机械的直接参与。机械就是机器设备和工具的总称，它贯穿现代社会各行各业、各个角落，任何现代产业和工程领域都需要应用机械。例如农民种地要靠农业工具和农机，纺纱需要纺织机械，压缩饼干、面包等食品需要食品机械，炼钢需要炼钢设备，发电需要发电机械，交通运输业需要各种车辆、船舶、飞机等；各种商品的计量、包装、存储、装卸需要各种相应的工作机械，就连人们的日常生活，也离不开各种各样的机械，如汽车、手机、照相机、电冰箱、钟表、洗衣机、吸尘器、多功能按摩器、跑步机、电视机、计算机等等。总之，现代社会进行生产和服务的各行各业都需要各种各样不同功能的机械，人们与机械须臾不可分离。

大家都知道，而且也都能够体会到上述各行各业的各种不同机械和工具的重要性。但这些机械是哪里来的？当然不是从天上掉下来的，而是依靠人们的聪明才智制造生产出来的。"机械制造"也就是"制造机械"，这就是制造的最根本的任务。因此，广义的机械制造含义就是围绕机械的产出所涉及的一切活动，即利用制造资源（设计方法、工艺、设备、工具和人力等）将材料"转变"成具有一定功能的、能够为人类服务的有用物品的全过程和一切活动。显然,"机械制造"是一个很大的概念,是一门内容广泛的知识学科和技术,而传统的机械制造则泛指机械零件和零件毛坯的金属切削加工(车、铣、刨、磨、钻、镗、线切割等加工)、无切削加工(铸造、锻压、焊接、热处理、冲压成形、挤压成形、激光加工、超声波加工、电化学加工等)和零件的装配成机。

制造业是将制造资源(物料、能源、设备、工具、资金、技术、信息、人力等),通过一定的制造方法和生产过程,转化为可供人们使用和利用的工业品与生活消费品的行业,是国民经济和综合国力的支柱产业。

制造系统是制造业的基本组成实体,是制造过程及其所涉及的硬件、软件和人员组成的一个将制造资源转变为产品的有机整体。

机械是制造出来的,由于各行各业的机械设备不同、种类繁多,因此机械制造的涉及面非常广,冶金、建筑、水利、机械、电子、信息、运载和农业等各个行业都要有制造业的支持,冶金行业需要冶炼、轧制设备;建筑行业需要塔吊、挖掘机和推土机等工程机械。制造业在我国一直占据重要地位,在20世纪50年代,机械工业就分为通用、核能、航空、电子、兵器、船舶、航天和农业等八个部门。进入21世纪,世界正在发生极其广泛和深刻的变化,随之牵动的机械制造业也发生了翻天覆地的变化。但是,不管世界如何变化,机械制造业一直是国民经济的基础产业,它的发展直接影响到国民经济各部门的发展。

二、机械制造生产过程

在机械制造厂,产品由原材料到成品之间的全部劳动过程称为生产过程。它包括原材料的运输和存储、生产准备工作、毛坯的制造、零件的加工与热处理、部件和整机的装配、机器的检验调试以及油漆和包装等。一个工厂的生产过程,又可分为各个车间的生产过程。一个车间生产的成品,往往又是另一车间的原材料。例如铸造车间的成品(铸件)就是机械加工车间的"毛坯",而机械加工车间的成品又是装配车间的原材料。

机器的生产过程中,直接改变毛坯的形状、尺寸和材料性能使其成为成品或半成品的过程称为工艺过程。它包括毛坯的制造、热处理、机械加工和产品的装配。把工艺过程的有关内容用文字以表格的形式写成工艺文件,称为机械加工工艺规程,简称为工艺规程。

由原材料经浇铸、锻造、冲压或焊接而成为铸件、锻件、冲压件或焊接件的过程,分别称为铸造、锻造、冲压或焊接工艺过程。将铸、锻件毛坯或钢材经机械加工方法,改变它们的形状、尺寸、表面质量,使其成为合格零件的过程，称为机械加工工艺过程。在热处理车间，对机器零件的半成品通过各种热处理方法，直接改变它们的材料性质的过程，称为热处理工艺过程。最后，将合格的机器零件、外购件和标准件装配成组件、部件和机器的过程，则称为装配工艺过程。

其中，制定机械加工工艺规程在整个生产过程中非常重要。工艺规程不仅是指导生产的主要技术文件，而且是生产、组织和管理工作的基本依据，在新建或扩建工厂或车间时，工艺规程是基本的资料。在制定工艺规程时，需具备产品图纸、生产纲领、现场加工设备及生产条件等这些原始资料，并由生产纲领确定了生产类型和生产组织形式之后，才可着手机械加工工艺规程的制定，其内容和顺序如下：①分析被加工零件。②选择毛坯：制造机械零件的毛坯一般有铸件、锻件、型材、焊接件等。③设计工艺过程：包括划分工艺过程的组成、方法、安排加工顺序和组合工序等；选择定位基准、选择零件表面的加工。④工序设计：包括选择机床和工艺装备、确定加工余量、计算工序尺寸及其公差、确定切削用量及计算工时定额等。⑤编制工艺文件。

三、机械制造生产类型

在制造过程之前，要根据生产车间的具体情况将零件在计划期间分批投入进行生产。一次投入或生产同一产品（或零件）的数量称为批量。

按生产专业化程度的不同，又可分为单件生产、成批生产和大量生产三种类型。在成批生产中，又可按批量的大小和产品特征分为小批生产、中批生产和大批生产三种。

若生产类型不同，则无论是在生产组织、生产管理、车间机床布置，还是在毛坯制造方法、机床种类、工具、加工或装配方法和工人技术要求等方面均有所不同。为此，制定机器零件的机械加工工艺过程、机械加工工艺的装配工艺过程以及选用机床设备和设计工艺装备都必须考虑不同生产类型的工艺特征，以取得最大经济效益。

四、机械制造的学科分支

现代社会中任何领域都需要应用机械，机械贯穿于现代社会各行各业、各个角落，其形貌不一，种类繁多，按不同的要求可以有不同的分类方法，如：按功能可分为动力机械、物料搬运机械、包装机械、灌装机械、粉碎机械、金属切削加工机械等；按服务的产业可分为用于农业、林业、畜牧业和渔业的机械，用于矿山、冶金、重工业、轻工业的机械，用于纺织、医疗、环保、化工、建筑、交通运输业的机械以及供家庭与日常生活使用的机械，如洗衣机、钟表、运动器械、食品机械，用于军事国防及航空航天工业的机械等；按工作原理可分为热力机械、流体机械、仿生机械、液压与气动机械等。另外，全部机械的整个制造过程都要经过研究、开发、设计、制造、检测、装配、运用等几个工作性质不同的阶段。因此相应的机械制造可有多种分支学科体系和分支系统，且有的分支学科系统间互相联系、互相重叠与交叉。分析这种复杂关系，研究机械制造最合理的学科体系划分，有一定的知识意义，但并无大的实用价值。对机械制造的学科划分按其服务的产业较为明朗，但不论哪个行业的机械制造，其共性是主流的，依据行业不同的特点及要求，也有其个性特点。

五、机械制造与国计民生

制造业在众多国家尤其是发达国家的国民经济中占有十分重要的位置，是国民经济的支柱产业。可以说，没有发达的制造业就不可能有国家真正的繁荣和富强。

国民经济各个部门的发展，都离不开先进的机械与装备，如轻工机械、化工机械、电力设备、医疗器械、通讯与电子设备、农业机械、食品机械等等，就连人们的日常生活也不例外。是先进发达的机械制造业为人们提供了优雅舒适的工作、生活和休闲娱乐环境。如自行车、摩托车、汽车、轿车、飞机、轮船等代步交通工具，电话、手机、计算机及网络工具等联络通讯工具，冰箱、电视、空调、微波炉等现代生活工具等等。没有发达的制造技术，这些现实生活中的可以改善人们生活环境、改造自然、造福人类的先进设备便无从得来。

任何机械，大到船舶、飞机、汽车，小到仪器、仪表，都是由许多零件或部件组成的。以汽车为例，一辆汽车是由车身、发动机、驱动装置、车轮等部分组成，其中每一部分又是由若干个零件或部件构成的。而不同的零部件又需用不同的材料（包括钢、塑料、橡胶和玻璃等）和不同的加工方法来制造。同样，那些半导体行业的电子元件和大规模集成IC器件、晶元芯片等也是人们制造出来的。所有这些都依赖于制造业的发展，因此，机械制造关系国计民生，国计民生需要机械制造，机械制造在国民经济中具有举足轻重的作用。概括起来，它的主要作用有以下几个方面。

其一，机械制造业是国民经济的物质基础，是强国富民的根本。制造业产品占中国社会物质总产品的一半以上；制造业是解决中国就业问题的主要产业领域，其本身就吸纳了中国11.3%的从业人员，同时还有着其他产业无可比拟的带动效应。机械制造的延伸背后就是服务，比如买一辆汽车，专卖店会提供一系列后续服务，创造了很多就业岗位。任何一种机械产品，都需要售后服务，这种延伸出的服务就构成了第三产业的一部分。

其二，制造业是中国实现跨越式发展战略的中坚力量。在工业化过程中，制造业始终是推动经济发展的决定性力量。

其三，机械制造是科学技术的载体和实现创新的舞台。没有机械制造，所谓的科学技术创新就无法体现。信息技术就是以传统产业为载体的，它单独存在发挥不出什么作用。

从历史上看，制造业的发展史就是一部科技发展史的缩影，每一项科技发明都推动了制造业的发展并形成了新的产业。比如计算机的发明，推动了整个工业的发展。以信息技术为代表的高新技术的迅速发展，带动了传统制造业的升级。每一次产业结构的优化升级都是高新技术转化为生产力的结果，可见，高新技术及其产业也是内含于制造业中的。

其四，制造业的发展水平体现了国家的综合实力和国际竞争力。当前，世界面临的最重要的趋势之一是经济全球化，而在经济全球化中，制造业的水平直接决定了一个国家的国际竞争力和在国际分工中的地位，也就决定了这个国家的经济地位。

第二章　机械工程材料

第一节　金属材料的性能

一、金属材料的力学性能

所谓力学性能是指金属在力或能的作用下所表现出来的性能。力学性能包括：强度、塑性、硬度、冲击韧度及疲劳强度等，它反映了金属材料在各种外力作用下抵抗变形或破坏的某些能力，是选用金属材料的重要依据，而且与各种加工工艺也有密切关系。

（一）拉伸试验

拉伸试样的形状一般有圆形和矩形两类。在国家标准中，对试样的形状、尺寸及加工要求均有明确的规定。图2-1所示为圆形拉伸试样。

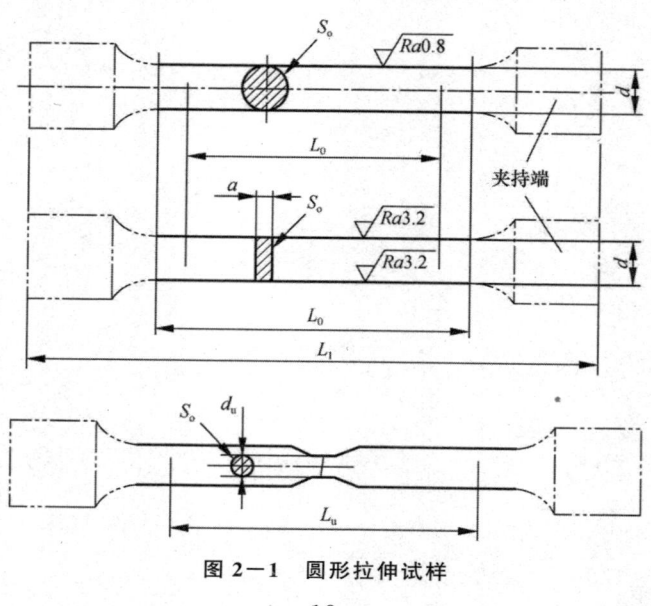

图2-1　圆形拉伸试样

图 2—1 中，d 是试样的直径，L_0 为标距长度。根据标距长度与直径之间的关系，试样可分为长试样（$L_0=10d$）和短试样（$L_0=5d$）两种。

拉伸试验过程中随着负荷的均匀增加，试样不断地由弹性伸长过渡到塑性伸长，直至断裂。一般试验机都具有自动记录装置，可以把作用在试样上的力和伸长描绘成拉伸图，也叫作力—伸长曲线。图 2—2 所示为低碳钢的力—伸长曲线，纵坐标表示力 F，单位为 N；横坐标表示伸长量 ΔL，单位为 mm。在图 2—2 中明显地表现出下面几个变形阶段，见表 2—1。

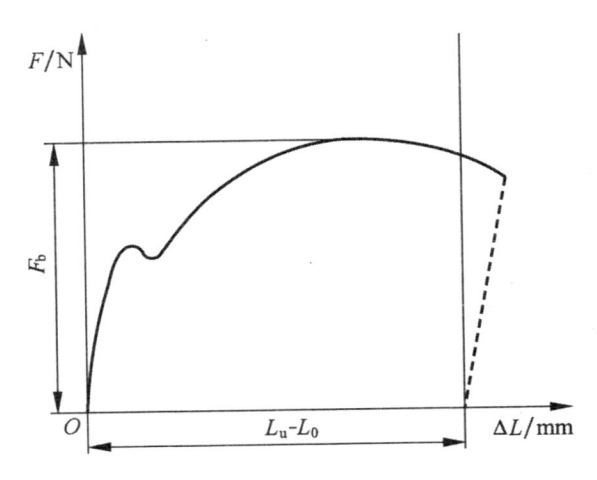

图 2—2 低碳钢的力—伸长曲线

表 2—1　　　　　　　低碳钢的力—伸长曲线中的几个变形阶段

序号	变形名称	主要特征
1	弹性变形阶段	试样的变形完全是弹性的，如果载荷卸载，试样可恢复原状
2	屈服阶段	当载荷增加到 F_s 时，力—伸长曲线图上出现平台或锯齿状，这种在载荷不增加或略有减小的情况下，试样还继续伸长的现象叫作屈服。F_s 称为屈服载荷。屈服后，材料开始出现明显的塑性变形
3	强化阶段	在屈服阶段以后，欲使试样继续伸长，必须不断加载。随着塑性变形增大，试样变形抗力也在不成比例地逐渐增加，这种现象称为形变强化（或称加工硬化），此阶段试样的变形是均匀发生的

续表

序号	变形名称	主要特征
4	缩颈阶段	当载荷达到最大值 F_b 后，试样的直径发生局部收缩，称为"缩颈"。试样变形所需的载荷也随之降低，而变形继续增加，这时伸长主要集中于缩颈部位，由于颈部附近试样面积急剧减小，致使载荷下降

工程上使用的金属材料，多数没有明显的屈服现象，如：退火的轻金属、退火及调质的合金钢等。有些脆性材料，不仅没有屈服现象，而且也不产生"缩颈"，如：铸铁等。图 2—3 所示为其他材料的力—伸长曲线。

通过拉伸试验可测金属材料的力学性能参数如下。

1. 强度

材料在拉断前所能承受的最大载荷与原始截面积之比称为抗拉强度，用符号 R_m 表示。

当金属材料呈现屈服现象时，在试验期间达到塑性变形发生应力不增加的应力点，应力分上屈服强度（$R_{c\mathrm{II}}$）和下屈服强度（$R_{c\mathrm{I}}$）。不同类型曲线的上屈服强度和下屈服强度如图 2—4 所示。

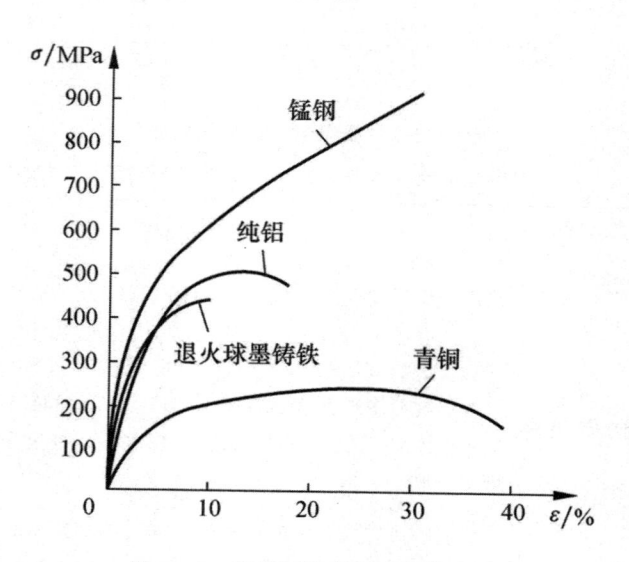

图 2—3 其他材料的力—伸长曲线

第二章 机械工程材料

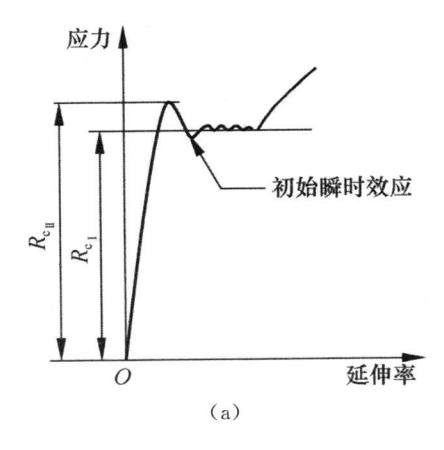

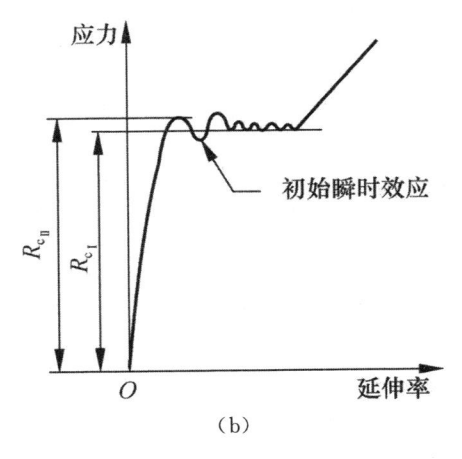

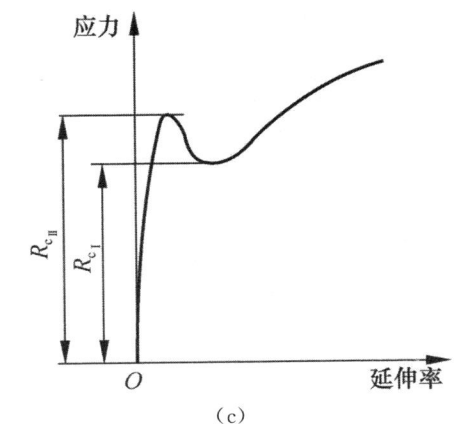

(a)

(b)

(c)

(d)

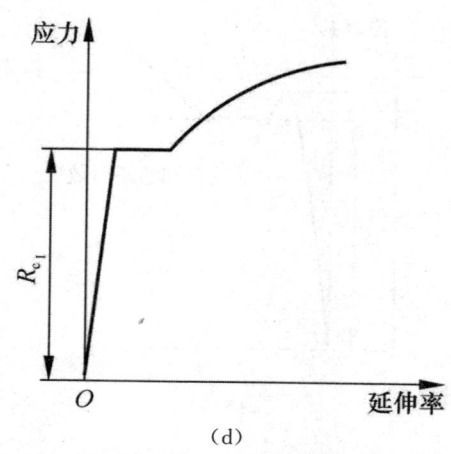

图 2-4 不同类型曲线的上屈服强度和下屈服强度

2. 塑性

断裂前金属材料产生永久变形的能力称为塑性。塑性指标也是由拉伸试验测得的，常用伸长率和断面收缩率来表示。

试样拉断后，标距的伸长与原始标距的百分比称为断后伸长率，用符号 A 表示。其计算公式如下：

$$A = \frac{L_u - L_0}{L_0} \times 100$$

式中：A——断后伸长率，%；

L_u——试样拉断后的标距，mm；

L_0——试样的原始标距，mm。

必须说明，同一材料的试样长短不同，测得的伸长率是不同的。

试样拉断后，缩颈处横截面积的缩减量与原始横截面积的百分比称为断面收缩率，用符号 Z 表示。其计算公式如下：

$$Z = \frac{S_0 - S_u}{S_0} \times 100$$

式中：Z——断面收缩率，%；

S_0——试样原始横截面积，mm^2；

S_u——试样拉断后缩颈处的横截面积，mm^2。

金属材料的伸长率 A 和断面收缩率 Z 数值越大，表示材料的塑性越好。塑性好的金属可以发生大量塑性变形而不被破坏，易于加工成复杂形状的零件。例如，工业纯铁的 A 可达 50%，Z 可达 80%，可以拉制细丝、轧制薄板等。铸铁的 A 几乎为零，所以不能进行塑性变形加工。塑性好的材料，在受力过大时,首先产生塑性变形而不致发生突然断裂,因此比较安全。

(二) 硬度试验

材料抵抗局部变形特别是塑性变形、压痕或划痕的能力称为硬度。它不是一个单纯的物理量或力学量,而是代表弹性、塑性、塑性变形强化率、强度和韧性等一系列不同物理量的综合性能指标。

硬度测试的方法很多,最常用的有布氏硬度试验法、洛氏硬度试验法和维氏硬度试验法三种。

1. 布氏硬度

(1) 布氏硬度的测试原理

使用一定直径的硬质合金球,施加试验力 F 压入试样表面,保持规定时间后卸除试验力,然后测量表面压痕直径、压痕表面积和作用载荷。布氏硬度值用符号 HBW 表示。

(2) 布氏硬度的表示方法

HBW 适用于布氏硬度值在 650 以下的材料。符号 HBW 之前的数字为硬度值,符号后面按以下顺序用数字表示试验条件。例如:490HBW5/750 表示用直径 5mm 的硬质合金球,在 7 355N 的试验力作用下,保持 10～15 s 时测得的布氏硬度值为 490。试验力的选择应保证压痕直径在 0.24D～0.6D 之间。试验力—球压头直径平方的比率($0.102 F/D^2$ 比值)应根据材料的硬度选择。

当试验尺寸允许时,应优先选用直径 10mm 的球压头进行试验。

(3) 应用范围及优缺点

布氏硬度是使用最早、应用最广的硬度试验方法,主要适用于测定灰铸铁、有色金属、各种软钢等硬度不是很高的材料。

测量布氏硬度采用的试验力大,球体直径也大,因而压痕直径也大,因此能较准确地反映出金属材料的平均性能。另外,由于布氏硬度与其他力学性能(如抗拉强度)之间存在着一定的近似关系,因而在工程上得到广泛应用。

测量布氏硬度的缺点是操作时间较长,对不同材料需要不同压头和试验力,压痕测量较费时;在进行高硬度材料试验时,球体本身的变形会使测量结果不准确。因此,用硬质合金球压头时,材料硬度值必须小于 650。布氏硬度试验法又因其压痕较大,故不宜用于测量成品及薄件。

2. 洛氏硬度

(1) 洛氏硬度测试原理

洛氏硬度试验采用金刚石圆锥体或淬火钢球压头,压入金属表面后,保持规定时间后卸除主试验力,以测量的压痕深度来计算洛氏硬度值。

（2）常用洛氏硬度标尺及其适用范围

为了用一台硬度计测定从软到硬不同金属材料的硬度，可采用不同的压头和总试验力组成几种不同的洛氏硬度标尺，每一种标尺用一个字母在洛氏硬度符号 HR 后面加以注明。常用的洛氏硬度标尺有 A、B、C、D、E、F、G、H、K、N、T 几种，其中 C 标尺应用最为广泛。

洛氏硬度表示方法如下：符号 HR 前面的数字表示硬度值，HR 后面的字母表示不同洛氏硬度的标尺。例如：45 HRC 表示用 C 标尺测定的洛氏硬度值为 45。

（3）优缺点

洛氏硬度试验的优点是操作简单迅速，十分方便，能直接从刻度盘上读出硬度值；压痕较小，几乎不伤及工件表面，故可用来测定成品及较薄工件；测试的硬度值范围大，可测从很软到很硬的金属材料。其缺点是：压痕较小，当材料的内部组织不均匀时，硬度数据波动较大，测量值的代表性差，通常需要在不同部位测试数次，取其平均值来代表金属材料的硬度。

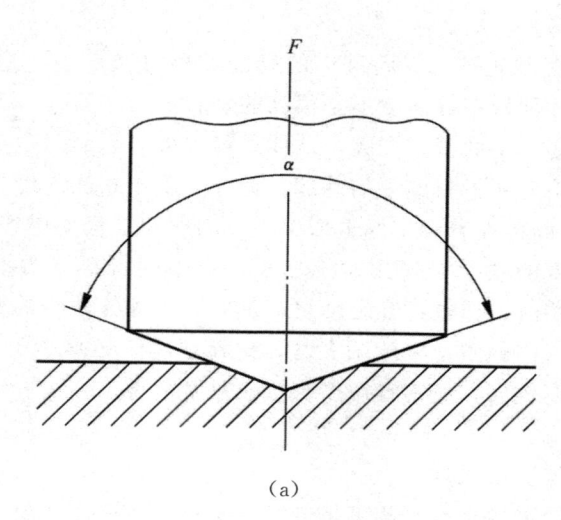

3. 维氏硬度

维氏硬度试验原理基本上和布氏硬度试验相同：将正四棱锥体金刚石压头以选定的试验力压入试样表面，经规定保持时间后卸除试验力，用测量压痕对角线的长度来计算硬度，如图 2-5 所示。维氏硬度和压痕表面积除试验力的商成比例，维氏硬度用符号 HV 表示。

(a)

(b)

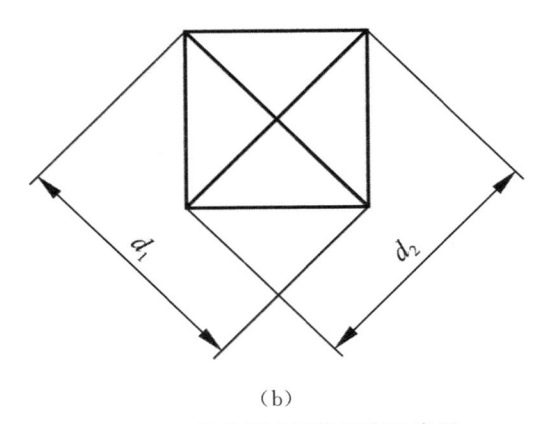

图 2-5 维氏硬度试验原理示意图

在实际工作中，维氏硬度值同布氏硬度一样，不用计算，而是根据压痕对角线长度，从表中直接查出。

维氏硬度值表示方法与布氏硬度相同，例如：400HV30 表示用 294.2N 试验力，保持 10～15s（可省略不标），测定的维氏硬度值为 400。

（三）冲击韧度试验

金属材料的强度、塑性和硬度等力学性能是在静载荷作用下测得的。而许多机械零件在工作中，往往要受到冲击载荷的作用，如：活塞销、锤杆、冲模和锻模等。制造这类零件所用的材料，其性能指标不能单纯用静载荷作用下的指标来衡量，而必须考虑材料抵抗冲击载荷的能力。金属材料抵抗冲击载荷作用而不破坏的能力称为冲击韧性。目前，常用一次摆锤冲击弯曲试验来测定金属材料的冲击韧性。

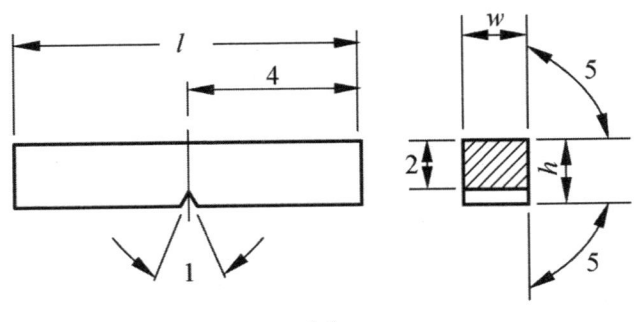

1. 冲击试样

标准尺寸冲击试样长度为 55mm，横截面为 10mm×10mm 方形截面，在试样长度中间有 V 形或 U 形缺口，如图 2-6 所示。

(a)

(b)

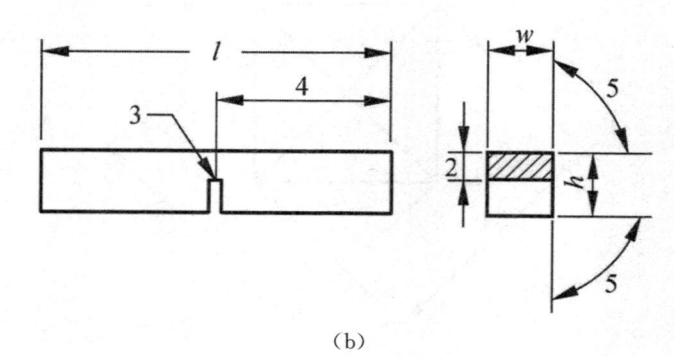

图 2-6 标准尺寸冲击试样

(a) V 形缺口；(b) U 形缺口

1—V 型角；2—截面；3—槽后；4—试样长度的 l；5—弧度

2. 冲击试验的原理及方法

冲击试验利用的是能量守恒原理：试样被冲断过程中吸收的能量等于摆锤冲击试样前后的势能差。

冲击试验：将待测的金属材料加工成标准试样，然后将试样放在冲击试验机的支座上，放置时使试样缺口背向摆锤的冲击方向，如图 2-7（a）所示。再将具有一定重量的摆锤升至一定的高度，如图 2-7（b）所示，使其获得一定的势能，然后使摆锤自由落下，将试样冲断。试样被冲断时所吸收的能量是摆锤冲击试样所做的功，称为冲击吸收功。

冲击韧度是冲击试样缺口处单位横截面积上的冲击吸收功。冲击韧度越大，表示材料的冲击韧性越好。

大量实验证明，金属材料受大能量的冲击载荷作用时，其冲击抗力主要取决于冲击韧度 R_K 的大小，而在小能量多次冲击条件下，其冲击抗力主要取决于材料的强度和塑性。当冲击能量高时，材料的塑性起主导作用；在冲击能量低时，则强度起主导作用。

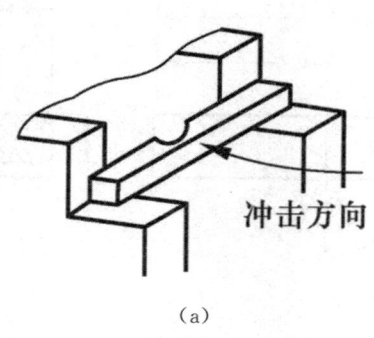

(a)

(b)

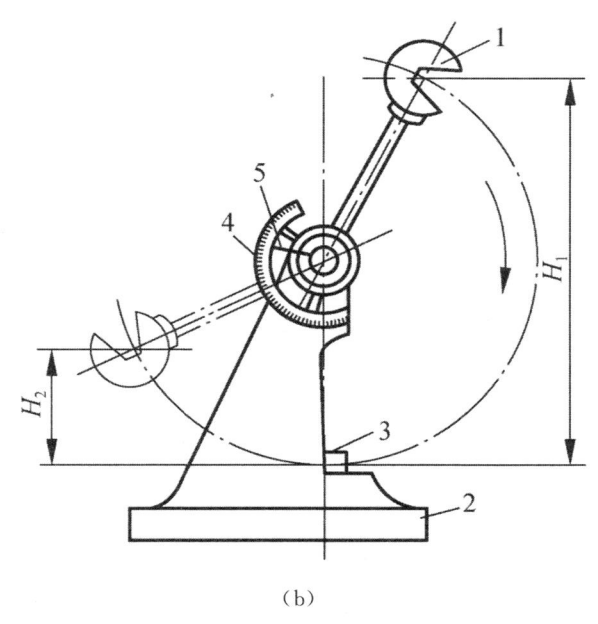

图 2-7 冲击试验示意图

(a) 放置方向；(b) 升至一定高度示意

1—摆锤；2—机架；3—试样；4—刻度盘；5—指针

(四) 疲劳强度

许多机械零件，如：轴、齿轮、轴承、叶片、弹簧等，在工作过程中各点的应力随时间做周期性的变化，这种随时间做周期性变化的应力称为交变应力（也称循环应力）。在交变应力作用下，虽然零件所承受的应力低于材料的屈服点，但经过较长时间的工作后产生裂纹或突然发生完全断裂的现象称为金属的疲劳。

疲劳破坏是机械零件失效的主要原因之一。据统计，在机械零件失效中大约有 80% 以上属于疲劳破坏，而且疲劳破坏前没有明显的变形，所以疲劳破坏经常造成重大事故。

机械零件产生疲劳断裂的原因是材料表面或内部有缺陷（夹杂、划痕、显微裂纹等），这些部位在交变应力反复作用下产生了微裂纹，致使其局部应力大于屈服点，从而产生局部塑性变形而导致开裂，并随着应力循环次数的增加，裂纹不断扩展使零件实际承受载荷的面积不断减少，直至减少到不能承受外加载荷的作用时而产生突然断裂。

实际上，测定时金属材料不可能做无数次交变载荷试验。所以一般试验时规定，对于黑色金属应力循环取 10^7 周次，有色金属、不锈钢等取 10^8 周次交变载荷时，材料不断裂的最大应力称为该材料的疲劳极限。

金属的疲劳极限受到很多因素的影响，如：内部质量、工作条件、表面状态、材料成分、组织及残余内应力等。避免断面形状急剧变化、改善零件结构形式、降低零件表面结构及采取各种表面强化的方法，都能提高零件的疲劳极限。

二、金属材料的工艺性能

工艺性能是指金属材料在加工过程中是否易于加工成形的能力，包括铸造性能、锻造性能、焊接性能和切削加工性能等。工艺性能直接影响到零件的制造工艺和加工质量，是选材和制定零件工艺路线时必须考虑的因素之一。

（一）铸造性能

金属及合金在铸造工艺中获得优良铸件的能力称为铸造性能。衡量铸造性能的主要指标有流动性、收缩性和偏析倾向等。在各金属材料中，以灰铸铁和青铜的铸造性能较好。

1. 流动性

熔融金属的流动能力称为流动性，它主要受金属化学成分和浇注温度等的影响。流动性好的金属容易充满铸型，从而获得外形完整、尺寸精确、轮廓清晰的铸件。

2. 收缩性

铸件在凝固和冷却过程中，其体积和尺寸减小的现象称为收缩性。铸件收缩不仅会影响尺寸精度，还会使铸件产生缩孔、疏松、内应力、变形和开裂等缺陷，故用于铸造的金属其收缩率越小越好。

3. 偏析倾向

金属凝固后，内部化学成分和组织的不均匀现象称为偏析。偏析严重时能使铸件各部分的力学性能有很大的差异，降低了铸件的质量。这对大型铸件的危害更大。

（二）锻造性能

用锻压成形方法获得优良锻件的难易程度称为锻造性能。锻造性能的好坏主要同金属的塑性和变形抗力有关，也与材料的成分和加工条件有很大关系。塑性越好，变形抗力越小，金属的锻造性能越好。例如：黄铜和铝合金在室温状态下就有良好的锻造性能；碳钢在加热状态下锻造性能较好；铸铁、铸铝、青铜则几乎不能锻压。

（三）焊接性能

焊接性能是指金属材料相对于焊接加工的适应性，也就是在一定的焊接工艺条件下，获得优质焊接接头的难易程度。对碳钢和低合金钢，焊接性主要同金属材料的化学成分有关（其中碳含量的影响最大），如：低碳钢具有良好的焊接性，高碳钢、不锈钢、铸铁的焊接性较差。

（四）切削加工性能

金属材料的切削加工性能是指金属材料在切削加工时的难易程度。切削加工性能一般由工件切削后的表面结构及刀具寿命等方面来衡量。影响切削加工性能的因素主要有工件的化学成分、组织状态、硬度、塑性、导热性和形变强化等。一般认为金属材料具有适当硬度（170～230HBS）和足够的脆性时较易切削，从材料的种类而言，铸铁、铜合金、铝合金及一般碳钢都具有较好的切削加工性能。所以铸铁比钢切削加工性能好，一般碳钢比高合金钢切削加工性能好。改变钢的化学成分和进行适当的热处理，是改善钢切削加工性能的重要途径。

第二节 高分子材料与陶瓷材料

一、高分子材料

（一）概述

高分子材料是以高分子化合物（下称聚合物）为主要成分，与各种添加剂配合，经加工而成的有机合成材料。高分子化合物因其相对分子质量大而得名，材料的许多优良性能是因其相对分子质量大而得来。高分子化合物分为天然和人工合成两大类。天然高分子物质有蚕丝、羊毛、纤维素、淀粉、蛋白质、天然橡胶等。工程上的高分子材料多指由人工合成的各种有机高分子材料。高分子材料具有一定的强度、质量轻、耐腐蚀、电绝缘、易加工等优良性能，广泛用作结构材料、电绝缘材料、耐腐蚀材料，减摩、耐磨、自润滑材料，密封材料、胶黏材料及各种功能材料，是发展最快的一类材料。

高分子材料种类很多，性能各异。工程上通常根据力学性能和使用状态将其分为塑料、橡胶、合成纤维、黏合剂和涂料等。

1. 高分子材料的基本概念

高分子材料是由许多小分子通过共价键连接起来的大分子，分子链长，相对分子质量大。许多大分子通过分子间作用力聚集成高分子材料。由于分子的化学组成及聚集状态不同，即形成性能各异的高分子材料。

(1) 高分子材料

高分子材料相对分子质量很大，工程上认为，高分子材料作为材料，必须具有较高的强度、塑性和弹性等力学性能。因此，只有相对分子质量达到了使力学性能具有工程意义的聚合物，才可认为是高分子材料。通常高分子材料相对分子质量在 $10^4 \sim 10^6$ 范围内。

(2) 单体

单体是高分子材料的原料。高分子材料相对分子质量虽然很高，但化学组成并不复杂，它的分子是由一种或几种简单的低分子连接起来而组成的。这类组成高分化合物的低分子化合物称为单体，例如聚丙烯是由低分子丙烯单体组成的。

(3) 链节和聚合度

高分子材料相对分子质量很大，但结构很有规律，主要呈长链形，常称为大分子链。大分子链极长，是由许多结构相同的基本单元重复连接而构成，这种重复单元称为链节。

链节的结构和成分代表高分子的结构和成分。高分子材料的每个大分子由大量链节所组成，链节的重复次数称为聚合度，以 n 表示。聚合度是衡量高分子材料分子大小的指标，它反映了大分子链的长短和相对分子质量。若链节的分子量用 m 表示，高分子材料的分子量用 M 表示，则 M＝m×n。

(4) 多分散性

高分子材料是由大量大分子链组成的，各个大分子链的链节数不相同，长短不一样，相对分子质量不相等。高分子材料中各个分子的相对分子质量不相等的现象称为相对分子质量的多分散性。高分子材料的多分散性决定了它的物理和力学性能的大分散度。

(5) 平均相对分子质量

由于多分散性，高分子材料的相对分子质量只是一平均值，多数情况下是直接测定其平均相对分子质量。平均分子量用 M 表示，具有统计概念。平均分子量和分布宽窄影响高分子材料的物理、力学性能。M 越大，强度越高，硬度越高，但融熔黏度增大，流动性差。分散性大，熔融温度范围变宽，有利于加工成形，但抗撕裂性差。生产中，通过控制产品的分子量大小和分布情况，以改善产品性能，满足不同的需要。

不同用途的聚合物应有其合适的分子量分布，一般合成纤维的分子量分布宜窄；塑料、橡胶的分子量分布可宽。

2. 高分子的命名

(1) 根据单体的名称命名

这种命名方法常用在加成聚合形成的聚合物中,例如用乙烯得到的聚合物就称为聚乙烯。

(2) 按聚合物中所含的官能团命名

用缩合聚合的方法得到的高分子化合物的主链中常含有一些特殊的官能团,如酰胺基、酯基等。将含酰胺基的聚合物统称为聚酰胺(尼龙);将分子中含有酯基的聚合物统称为聚酯。此外还有聚碳酸酯和聚砜等。

(3) 按聚合物的组成命名

这种命名方法在热固性树脂和橡胶类聚合物中常用。如酚醛树脂是由苯酚同甲醛聚合而成;环氧树脂是由环氧化合物为原料聚合而成的;丁苯橡胶是由丁二烯和苯乙烯共聚而成,还有丁腈橡胶、顺丁橡胶、氯丁橡胶等。

另外,许多共聚物也常用这种方法命名,如 ABS 树脂是丙烯腈、丁二烯和苯乙烯三种单体共聚而成,用它们的英语名称的第一个大写字母就构成了这一树脂的名称。

(4) 按商品名或习惯名命名

几乎所有的纤维都可以称为"纶",如聚对苯二甲酸乙二酯纤维是涤纶、聚丙烯腈纤维是腈纶、聚丙烯纤维是丙纶,此外还有氯纶(聚氯乙烯纤维)、维纶(聚乙烯醇类纤维)、锦纶(聚己内酰胺纤维)、氨纶(聚氨酯纤维)等。平时,人们将聚甲基丙烯酸甲酯叫作有机玻璃、将聚醋酸乙烯酯乳胶称为白胶,都是按习惯命名法或商品命名法命名的。

3. 高分子材料的制备

由低分子化合物(单体)合成高分子化合物的反应称为聚合反应。常用的聚合反应有加成聚合反应(简称加聚反应)和缩合聚合反应(简称缩聚反应)两种。

(1) 加聚反应

加聚反应是指一种或几种单体相互加成而连接成聚合物的反应。反应过程中没有副产物生产,因此加聚物与其单体具有相同的成分。如乙烯单体在一定条件下,它们的双键打开,由单键逐一串联成长的大分子,进行加聚反应,生成聚乙烯。

加聚反应是高分子合成工业的基础,约有 80% 的高分子材料是利用加聚反应生产的,如聚乙烯、聚丙烯、聚氯乙烯、聚苯乙烯、合成橡胶等。

(2) 缩聚反应

由一种单体或多种单体相互缩合生成聚合物,同时析出某种低分子化合物

（如水、氨、醇、卤化物等）的反应称为缩聚反应，包括均缩聚反应和共缩聚反应。均缩聚反应是指由一种单体进行的缩聚反应。共缩聚反应是指由两种或两种以上的单体进行的缩聚反应。

缩聚反应是制取涤纶、尼龙、聚碳酸酯、聚氨酯、环氧树脂、酚醛树脂、有机硅树脂等高分子材料的合成方法。

（二）高分子材料的性能

1. 高分子材料的力学性能

与金属材料相比，高分子材料具有高弹性、低弹性模量和黏弹性。

（1）高弹性、低弹性模量

聚合物材料的弹性模量只有金属材料的 1/1000，但弹性很大，其延伸率可高达金属的 1000 倍。例如，橡胶弹性变形量可达 100%～1000%，弹性模量 $E=1MPa$，而钢的弹性模量为 $10^5 MPa$。

（2）黏弹性

黏弹性是指弹性变形滞后于应力的变化，即弹性变形不仅与外力有关，而且具有时间效应。这是因为高分子材料的变形是通过调整内部分子构象来实现的，而这需要时间。聚合物的黏弹性行为表现为蠕变、应力松弛、滞后和内耗。

①蠕变是指材料在恒温恒载条件下，形变随时间延长而逐渐增加的现象。

②应力松弛是指在恒温下，当变形保持不变时，应力随时间延长而发生衰减的现象。

③滞后是在交变载荷下，材料应变变化落后于应力变化的现象，滞后产生的原因是分子间的内摩擦。

④内耗是内摩擦所消耗的能量变成无用的热能的现象。

（3）强度

高分子材料的强度低，一般抗拉强度约为 100MPa，即使是玻璃增强的尼龙也只有 200MPa。但由于比重低，故比强度仍较高，例如玻璃钢。

此外，高分子材料的聚集状态不同，则性能差别很大，而且形变强烈依赖于工作温度和加载速度。一般随着温度升高，加载速度增大，则弹性模量提高，形变率下降。

2. 高分子材料的理化性能

（1）耐热性

高分子材料在变热过程中，容易发生链段运动和整个分子链运动，导致材料软化或熔化，使性能变坏，耐热性差。

不同材料的耐热性判据不同，塑料的判据是热变形温度（HDT）。热变形温度是指高分子材料能够长时间承受一定的载荷而不变形的温度。线型无定形高分子材料的 HDT 在玻璃化温度 Tg 附近，结晶高分子材料的 HDT 接近于熔点。橡胶的耐热性判据是保持高弹性的最高温度。橡胶的耐热性越好，使用温度越高。

（2）导热性

高分子材料导热性差，其导热性能为金属的 1/1000～1/100。其原因是高分子材料内部无自由电子，分子链相互缠绕在一起，受热不易运动。高分子材料适宜做隔热材料、塑料方向盘，如导弹用纤维增强塑料做隔热层。其缺点是散热性差，温升快。

（3）热膨胀系数

高分子材料的线膨胀系数大，为金属的 3～10 倍。原因是受热后，分子链间缠绕程度降低，分子间结合力减小，分子链柔顺性增大。其弊端在于，与金属复合时，因膨胀系数相差过大而脱落，例如铝壶的塑料手柄。

（4）绝缘性

由于高分子材料是共价键结合，没有离子和自由电子，因此高分子材料是好的绝缘材料。例如导线的外包皮、塑料、橡胶等。

（5）高的化学稳定性

在酸、碱等溶液中，高分子材料表现出优异的耐蚀性，例如聚四氯乙烯在沸腾的王水中不受腐蚀。

需注意的是，某些高分子材料与特定溶剂相遇，会发生溶解或溶胀，使性能变差，如聚氯乙烯在有机溶液中溶胀，聚碳酸酯被四氯化碳溶解。

3. 高分子材料的老化与防止

（1）老化的概念和形式

老化是指高分子材料在加工、储存和使用过程中，由于内外（空气、水、光、热等）的综合作用，丧失原有性质的现象。其表现形式为：变硬、变脆、出现龟裂、失去弹性以及变软、变黏、变色。各种高分子材料都存在老化问题，差别只是发生时间不同，表现形式不同。

当高分子材料产生大分子链的交联时，将导致高分子材料变硬、变脆、开裂；而当大分子链断开，将会导致高分子材料变软、发黏、褪色。

（2）防止老化的方法

①进行结构改性，提高稳定性

例如：聚氯乙烯在氯气中用紫外线照射，成为氯化聚氯乙烯；采用共聚方法制得共聚产物 ABS 塑料。

②加入防老化剂，抑制老化过程

例如：添加水杨酸酯、炭黑，防止紫外线引起的老化。

③表面处理

例如，表面镀金属、喷涂料，防止空气、水、光引起的老化。

二、陶瓷

陶瓷是各种无机非金属材料的通称，根据使用的原材料分类，可将陶瓷分为普通陶瓷和特种陶瓷两大类。普通陶瓷又称为传统陶瓷，是以天然的岩石、矿石、黏土等材料作原料制成的陶瓷。特种陶瓷是具有某种独特性能的新型陶瓷，它的原料是人工合成化合物。

（一）陶瓷材料的结构与性能

1. 陶瓷材料的结构

陶瓷的结构是由晶相、玻璃相和气相所组成。陶瓷中各相的相对量变化很大，分布也不够均匀。

（1）陶瓷的晶体结构

晶相是陶瓷材料中主要的组成相，其决定着陶瓷材料的物理化学性质。陶瓷晶体中的原子是靠共价键和离子键结合的，相应的晶体为共价键晶体和离子键晶体。陶瓷中的这两种晶体是化合物而不是单质，其晶体结构比金属复杂，可分为典型晶体结构和硅酸盐晶体结构。

①典型晶体结构。典型晶体结构主要有 AX 型陶瓷晶体结构、AmXp 型陶瓷晶体结构及其他类型晶体结构。其中，AX 型陶瓷晶体是最简单的陶瓷化合物，具有数量相等的金属原子和非金属原子，可以是离子型化合物，也可以是共价型化合物。AX 型陶瓷晶体结构的具体类型包括：CsCl 型、NaCl 型、ZnS 闪锌矿型结构和纤维锌矿型结构。AmXp 型陶瓷晶体结构主要包括：萤石（CaF_2）型结构、逆萤石型结构以及刚玉（Al_2O_3）结构。其他类型晶体结构有：尖晶石型结构（AB_2O_4）、正常尖晶石型结构、反尖晶石型结构，这些类型晶体结构的陶瓷是重要的非金属磁性材料。此外还有钙钛矿型结构，这种类型晶体结构的陶瓷对压电材料来说很重要。

②硅酸盐晶体结构。许多陶瓷材料都含有硅酸盐，一方面是因为硅酸盐资源丰富且价格便宜，另一方面则是因为硅酸盐具有某些在工程上有用的独特性能。

硅酸盐的基本结构单元为硅氧四面体 $[SiO_4]^{4-}$，即每 1 个 Si 被 4 个 O 所包围，如图 2-8 所示。由于 Si 离子的配位数为 4，它赋予每一个 O 离子的电价为 1（等于 O 离子电价的一半），O 离子另一半电价可以连接其他阳离子，也可以与另一个 Si 离子相连。这样，各硅氧四面体单元之间通常只在顶角之间以不同方式连接，而很少在棱边之间连接。按照连接方式的不同，硅酸盐化合物可以分为孤立状硅酸盐、复合状硅酸盐、环状或链状硅酸盐、层状硅酸盐和骨架状硅酸盐等。

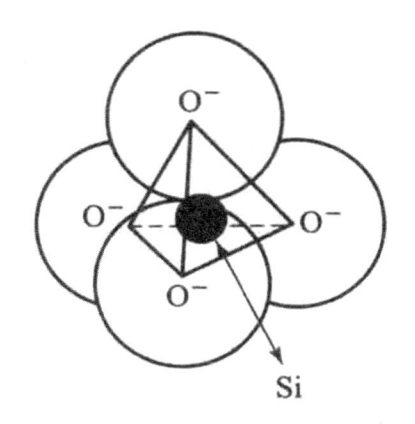

图 2-8 硅氧四面体示意

（2）陶瓷的玻璃相与气相

陶瓷中的玻璃相是非晶态的无定形物质，其作用是充填晶粒间隙、黏结晶粒、提高材料致密度、降低烧结温度和抑制晶粒长大。玻璃相是熔融液相冷却时，其黏度增大到一定程度，使熔体硬化转变为玻璃而形成的。玻璃相的特点是与硅氧四面体组成不规则的空间网，形成玻璃的骨架。玻璃相的成分一般为氧化硅及其他氧化物。

气相是陶瓷内部残留的孔洞。陶瓷根据气孔率分为致密陶瓷、无开孔陶瓷和多孔陶瓷。除多孔陶瓷外，气孔对陶瓷的性能有不利影响。通常，普通陶瓷的气孔率为 5%～10%，特种陶瓷为 5% 以下，金属陶瓷低于 0.5%。

2. 陶瓷材料的性能

（1）力学性能

弹性模量。陶瓷大部分为共价键和离子键结合的晶体，其结合力强，弹性模量较大，一般高于金属 2～4 个数量级。

硬度。陶瓷的硬度主要取决于其组成和结构，离子半径越小、电价越高、配位数越大，则其结合能越大，硬度越高。

强度。陶瓷在室温下几乎不能产生滑移和位错运动，很难产生塑性变形，其破坏方式为脆性断裂，室温下只能测得其断裂强度。陶瓷的理论断裂强度主要取决于原子间的结合力，其值约等于 1/10 倍的弹性模量。然而，陶瓷的实际强度要比其理论强度约小两个数量级,这是由于陶瓷内部微小裂纹的扩展而导致陶瓷断裂。

陶瓷的强度对应力状态特别敏感,它的抗拉强度虽然低,但抗压强度高,因此要充分考虑陶瓷的应用场合。此外,陶瓷具有优于金属的高温强度,高温抗蠕变能力强,且有很高的抗氧化性,适宜作高温材料。

韧性。陶瓷是脆性材料,对裂纹的敏感性很强,评价陶瓷韧性的参数是断裂韧性,陶瓷的断裂韧性很低。

塑性。大部分陶瓷在室温下都是脆性材料,其原因是陶瓷晶体间的结合力多为离子键和共价键,具有明显的方向性,滑移系少,且陶瓷晶体结构复杂,位错运动困难,难以产生塑性变形。随着温度的升高和应变速率的降低,陶瓷的塑性形变加剧,晶粒细小到一定程度;在一定温度和应变速率下;陶瓷可能产生超塑性。

(2)物理和化学性能

物理性能。通常来说,陶瓷的熔点高、热膨胀系数小、导热性差、导电性差,这是陶瓷成为耐高温、绝热、绝缘等材料的基本条件。然而,随着科技的发展,一些新型陶瓷材料可能具有导热性、导电性,甚至出现了陶瓷超导体。多数陶瓷的抗热振性差,不能承受因温度急剧变化而造成的破坏。

化学性能。常温下,陶瓷不与氧反应,具有耐酸、碱、盐等腐蚀的能力,也能抵抗熔融有色金属的侵蚀。但在某些情况下,高温熔盐及氧化渣等会使一些陶瓷材料受到腐蚀破坏。

(二)常用陶瓷材料

1. 普通陶瓷

普通陶瓷是以天然硅酸盐矿物[即黏土($Al_2O_3 \cdot 2SiO_2 \cdot 2H_2O$)、长石($K_2O \cdot Al_2O_3 \cdot 6SiO_2$,$Na_2O \cdot Al_2O_3 \cdot 6SiO_2$)和石英($SiO_2$)]为原料,经原料加工、成形、烧结而成的陶瓷。普通陶瓷组织中的主晶相为莫来石($3Al_2O_3 \cdot 2SiO_2$)占25%~30%,玻璃相占35%~60%,气相占1%~3%。普通陶瓷质地坚硬,不会氧化生锈、不导电,能耐1200℃高温,加工成形性好,成本低廉;其缺点是强度较低,高温下玻璃相易软化。普通陶瓷除日用陶瓷外,大量用于电器、化工、建筑、纺织等工业部门(如电瓷绝缘子、耐酸、碱的容器和反应塔管道,纺织机械中的导纱零件等)。

2. 特种陶瓷

(1)氧化物陶瓷

氧化物陶瓷是最早用于结构目的的先进陶瓷材料,氧化铝陶瓷是其中应用最广泛的一种,氧化锆陶瓷则是现有结构陶瓷中强度和断裂韧性最高的一种。

①氧化铝陶瓷。氧化铝陶瓷是以 Al_2O_3 为主要成分，含有少量 SiO_2 的陶瓷。根据陶瓷中 Al_2O_3 含量的不同将其成分为 75 瓷（含 75％ Al_2O_3，又称刚玉－莫来石瓷）、95 瓷和 99 瓷，后两者又称刚玉瓷。氧化铝陶瓷的耐高温性能好（可使用到 1950℃），具有良好的电绝缘性能及耐磨性。氧化铝陶瓷被广泛用作耐火材料，如耐火砖、坩埚、热电偶套管、淬火钢的切削刀具、金属拔丝模、内燃机的火花塞、火箭和导弹的导流罩及轴承等。

②氧化锆陶瓷。氧化锆陶瓷具有熔点高、高温蒸气压低、化学稳定性好、热导率低等特点，它的这些性能均优于氧化铝陶瓷，但价格昂贵，以往应用不广。近年来，氧化锆的增韧性能被广泛应用，人们开发出一系列高强度、高韧性的氧化锆陶瓷，其力学性能为结构陶瓷之首。

氧化锆（ZrO_2）的晶型转变：立方相—四方相—单斜相。四方相转变为单斜相非常迅速，会引起很大的体积变化，易使制品开裂。在氧化锆中加入一定量的稳定剂，能形成稳定立方固溶体，使其不再发生相变，具有这种结构的氧化锆称为完全稳定氧化锆（FSZ）。若减少稳定剂的加入量，使部分氧化锆以四方相的形式存在，由于这种材料中只有一部分氧化锆稳定，所以称之为部分稳定氧化锆（PSZ）。稳定氧化锆耐火材料的力学性能低，抗热冲击性差，主要用于炼钢、炼铁、玻璃熔融等的高温设备中；近来利用其导电性能又作各种氧敏感元件、燃料电池的固体电解质、发热元件等。部分稳定氧化锆具有热导率低、绝热性好、抗弯强度与断裂韧性高等特点，可作隔热材料、陶瓷刀具；还可利用其耐磨性及与金属的不亲和性，而作拔丝模、拉管模、轴承、喷嘴、泵部件等。

③其他氧化物陶瓷。氧化镁、氧化钙陶瓷具有抵抗各种碱性金属渣的作用，但热稳定性差，它们可用来制造坩埚，氧化镁还可用来作炉衬和用于制作高温装置。

氧化铍陶瓷导热性极好、消散高能射线的能力强、具有很高的热稳定性，但其强度不高，用于制造熔化某些纯金属的坩埚，还可作真空陶瓷和反应堆陶瓷。

（2）氮化物陶瓷

氮化物陶瓷材料日益受到重视，主要有氮化硅（Si_3N_4）陶瓷、塞龙（sialon）陶瓷和氮化铝（AlN）陶瓷、氮化硼（BN）陶瓷。

①氮化硅陶瓷。氮化硅陶瓷是由 Si_3N_4 四面体组成的共价键固体。氮化硅陶瓷的摩擦系数小，具有自润滑性，耐磨性好；热膨胀系数小，抗热振性远高于其他陶瓷材料；抗氧化能力强，化学稳定性高，还有优良的绝缘性能。按生产方法可分为热压烧结和反应烧结两种氮化硅陶瓷。热烧结氮化硅陶瓷组织致

密，具有更高的强度、硬度与耐磨性，用于制作形状简单、精度要求不高的零件，如切削刀具、高温轴承等。反应烧结氮化硅陶瓷强度较低，用于制作形状复杂、尺寸精度要求高的零件，如机械密封环、汽轮机叶片等。

②塞龙陶瓷。塞龙陶瓷可看作是 AlN 和 SiO_2 的固溶体，其高温强度、抗氧化性、抗蠕变性、抗热冲击性能均优于氮化硅陶瓷。塞龙陶瓷目前最成功的应用是切削刀具，这种刀具切削铸铁、镍基高温合金的效果非常好，比 TiN 涂层硬质合金刀具的切削速度快 5 倍，金属切除率提高 50%～93%，切削时间减少 90%。在其他领域，凡是氮化硅陶瓷可应用的地方，塞龙陶瓷均可应用。

③氮化铝陶瓷。氮化铝陶瓷具有纤锌矿型结构，常压下没有熔点，2450℃时升华分解，在分解温度以下不软化变形。氮化铝陶瓷的常温强度不如氧化铝陶瓷，但其高温强度比氧化铝陶瓷高，热膨胀系数比氧化铝陶瓷低，而热导率是氧化铝陶瓷的两倍，故抗热振性优于氧化铝陶瓷。氮化铝陶瓷在化学上也十分稳定。氮化铝陶瓷的电绝缘性能与氧化铝陶瓷相似。氮化铝陶瓷最吸引人的应用是做集成电路基板，其有良好的绝缘电阻和热导率，而且热膨胀系数与硅单晶的匹配很好，克服了氧化铝陶瓷作基片时与硅片不匹配和散热性能差的缺点。

④氮化硼陶瓷。氮化硼陶瓷的结构与碳元素相似，有六方和立方两种晶型。六方氮化硼陶瓷是层状的白色晶体，莫氏硬度仅为 2，有滑腻感，类似于石墨，俗称白石墨，是一种新的固体润滑剂，而且是绝缘体。

六方氮化硼陶瓷在高温高压下可转化为与金刚石结构相似的立方氮化硼陶瓷，其硬度仅次于金刚石，热稳定性和化学稳定性优于金刚石。

氮化硼陶瓷是一种惰性物质，对一般金属熔体、玻璃熔体、酸碱都有很好的耐腐蚀性，可做熔炼金属的坩埚和各种酸碱盛器、反应器及隔离器。立方氮化硼陶瓷由于其高硬度和其他优异性能，最大的应用前景是切削工具和切削材料，可用于加工硬而韧、易于黏结的难切削材料，还可用来加工氮化硅陶瓷等高硬材料。

(3) 碳化物陶瓷

①类金刚石薄膜。天然金刚石是世界上最硬的材料，但数量很稀少。随着科技的发展，人们用低压化学气相法制得了大面积金刚石薄膜，使金刚石合成有很大的发展。这种合成的金刚石薄膜中含有石墨碳和碳—氢结构，并不完全是纯金刚石，故称之为类金刚石薄膜。

类金刚石薄膜是一种非晶碳薄膜，具有高硬度、高电阻率、良好光学性能及摩擦学特性。类金刚石薄膜与金刚石相比，含有较多结构缺陷，且多处于亚稳态，是一种石墨与金刚石之间的中间状态。碳元素因碳原子和碳原子之间的不同结合方式，从而使其最终产生不同的物质，金刚石的碳－碳以 sp3 键的形式结合，石墨的碳－碳以 sp2 键的形式结合，而类金刚石的碳－碳则是以 sp3 和 sp2 键的形式结合，生成的无定形碳是一种亚稳定形态，它没有严格的定义，可以包括很宽性质范围的非晶碳，因此兼具了金刚石和石墨的优良特性。随着 sp3 键碳含量的增加，sp3/sp2 之比增大，则类金刚石薄膜的性质接近于金刚石体材料的性质。

②碳化硅陶瓷。碳化硅（SiC）陶瓷是通过键能很高的共价键结合的晶体。碳化硅陶瓷是用石英砂（SiO_2）加焦炭直接加热至高温还原而成的。碳化硅陶瓷的最大特点是高温强度高，有很好的耐磨损、耐腐蚀、抗蠕变性能，其导热能力很强（仅次于氧化铍陶瓷）。碳化硅陶瓷用于制造火箭喷嘴、浇注金属的喉管、热电偶套管、炉管、燃气轮机叶片及轴承、泵的密封圈、拉丝成形模具等。

第三节 其他工程材料

一、复合材料

（一）复合塑料的特性

复合材料既保留了单一材料各自的优点，又有单一材料所没有的优良综合性能。其优点是强度高，抗疲劳性能好，耐高温、耐蚀性好，减摩、减震性好，制造工艺简单，可以节省原材料和降低成本。它的缺点是抗冲击性差，不同方向上的力学性能存在较大差异。

（二）复合材料的分类及用途

复合材料分为基体相和增强相。基体相起黏结剂作用，增强相起提高强度和韧性的作用。常用复合材料为纤维增强复合材料、层叠复合材料和颗粒复合材料三种。

1. 纤维增强复合材料

如玻璃纤维增强复合材料（俗称玻璃钢）是用热塑（固）性树脂与纤维复合的一种复合材料，其抗拉、抗压、抗弯强度和冲击韧性均有显著提高。它主要用于减摩、耐磨零件及管道、泵体、船舶壳体等。

2. 层叠复合材料

层叠复合材料是由两层或两层以上不同材料复合而成，其强度、刚度、耐磨、耐蚀、绝热和隔声等性能分别得到改善，主要应用于飞机机翼、火车车厢、轴承、垫片等零件。

3. 颗粒复合材料

颗粒复合材料是一种或多种材料的颗粒均匀分散在基体内所组成的。金属粒和塑料的复合是将金属粉加入塑料中，改善导热、导电性，降低线膨胀系数，如：加铅粉于塑料中，可作防 γ 射线辐射的罩屏，加铅粉可制作轴承等。

复合材料在制造业中，用来制造高强度零件、化工容器、汽车车身、耐腐蚀结构件、绝缘材料和轴承等，复合材料的应用日益广泛。

二、纳米材料

纳米材料是指尺度为 1~100nm 的超微粒经压制、烧结或溅射而成的凝聚态固体。纳米材料固其异乎寻常的特性而引起材料界的广泛关注。例如，纳米铁材料的断裂应力比一般铁材料高 12 倍；气体通过纳米材料的扩散速度比通过一般材料的扩散速度快几千倍；纳米相的 Cu 比普通的 Cu 坚固 5 倍，而且硬度随颗粒尺寸的减小而增大；纳米相材料的颜色和其他特性随它们的组成颗粒的不同而不同；纳米陶瓷材料具有塑性或超塑性等。

（一）纳米材料的特征

纳米材料由晶体组元和界面组元两种组元构成。晶体组元由所有超微晶粒中的原子组成，这些原子都严格位于晶格位置；界面组元由各超微晶粒之间的界面原子组成，这些原子由超微晶粒的表面原子转化而来。超微晶粒内部的有序原子与超微晶粒界面的无序原子各占薄膜总原子数的 50% 左右。虽然这种超微晶粒由晶态或非晶态物质组成，但其界面呈无规则分布。纳米固体中的原子排列既不同于长程有序的晶体，也不同于长程无序、短程有序的"气体状"（gas-like）固体结构。因此，一些研究人员把纳米材料称之为晶态、非晶态之外的"第三态固体材料"。

纳米粒子属于原子簇与宏观物体交界的过渡区域，其系统既非典型的微观系统亦非典型的宏观系统，具有一系列新异的特性。当小颗粒尺寸进入纳米量级时，其本身和由其构成的纳米固体主要具有如下 3 个方面的效应，并由此派生出传统固体不具备的许多特殊性质。

1. 尺寸效应

当超微粒子的尺寸与光波波长、德布罗意波长以及超导态的相干长度（或透射深度）等物理特征尺寸相当或更小时，其周期性的边界条件将被破坏，声、光、电、磁、热力学等特性均会呈现出新的尺寸效应。例如，粒子的蒸汽压增大、熔点降低、光吸收显著增加并产生吸收峰的等离子共振频移、磁有序态向磁无序态转变、超导相向正常相转变等。

2. 表面与界面效应

纳米微粒尺寸小、表面大，位于表面的原子占总原子数相当大的比例。随着微粒粒径减小，其表面急剧变大，引起表面原子数迅速增加。例如，微粒粒径为 10nm 时，其比表面积为 90m2/g；微粒粒径为 5nm 时，其比表面积为 180m2/g；微粒粒径小到 2nm 时，其比表面积猛增到 459m2/g。这样高的比表面积，使处于表面的原子数越来越多，大大增强了纳米粒子的活性。例如，金属的纳米粒子在空气中会燃烧，无机材料的纳米粒子暴露在大气中会吸附气体，并与气体进行反应。

3. 量子尺寸效应

量子尺寸效应在微电子学和光电子学中一直有着重要的地位，人们根据这一效应已经设计出许多具有优越特性的器件。半导体的能带结构在半导体器件设计中非常重要，随着半导体颗粒尺寸的减小，其价带和导带之间的能隙有增大的趋势，这就说明即便是同一种材料，它的光吸收或者发光带的特征波长也不同。实验发现，随着颗粒尺寸的减小，发光的颜色从红色变为绿色再变为蓝色，即发光带的波长由 690nm 移向 480nm。人们把随着颗粒尺寸减小，能隙加宽发生蓝移的现象称为量子尺寸效应。一般来说，导致纳米微粒的磁、光、声、热、电及超导电性与宏观特性显著不同的效应都可以称为量子尺寸效应。

上述 3 个效应是纳米微粒与纳米固体的基本特性。这些效应使纳米微粒和纳米固体显现出许多奇异的物理、化学性质，甚至出现一些"反常现象"。例如，金属为导体，但纳米金属微粒在低温下由于量子尺寸效应会呈现出绝缘性；一般钛酸铅、钛酸钡和钛酸锶等是典型铁电体，当其尺寸进入纳米数量级就会变成顺电体；铁磁性物质进入纳米尺寸，由于多磁畴变成单磁畴而显示出极高的矫顽力；当粒径为十几纳米的氮化硅微粒组成纳米陶瓷时，其已不具有典型共价键特征（界面键结构出现部分极性，在交流电下电阻变小），等等。

（二）几种纳米材料及其应用

1. 纳米陶瓷材料

传统的陶瓷材料通常是脆性材料，因而限制了其应用；纳米陶瓷材料在常温下却表现出很好的韧度和延展性能。德国萨德兰德（Saddrand）大学的研究发现，TiO_2 和 CaF_2 纳米陶瓷材料在 80～180℃ 范围内可产生约 100% 的塑性形变，而且其烧结温度降低，能在比大晶粒样品低 600℃ 的温度下达到接近普通陶瓷的硬度。这些特性使纳米陶瓷材料在常温或次高温下进行冷加工成为可能。在次高温下将纳米陶瓷颗粒加工成形，然后经表面退火处理，就可以使纳米材料成为一种表面保持常规陶瓷材料的硬度和化学性质、而内部具有纳米材料的延展性的高性能陶瓷材料。

纳米陶瓷材料之所以具有超塑性，研究认为，这主要取决于陶瓷材料中包括的界面数量和界面本身的性质。一般来说，陶瓷材料的超塑性对界面数量的要求有一个临界范围。界面数量太少，陶瓷材料没有超塑性，这是因为此时颗粒大，大颗粒很容易引起应力集中，并为孔洞的形成提供条件；界面数量过多，陶瓷材料虽然可能出现超塑性，但其强度将下降，也不能成为超塑性材料。最近的研究表明，陶瓷材料出现超塑性的临界颗粒尺寸范围为 200～500nm。

2. 纳米金属材料

纳米金属材料不仅具有高的强度，而且具有高的韧度，而这一直是金属材料学家追求的目标。纳米金属材料的显著特点之一是熔点极低（如纳米银粉的熔点低于 100℃），这不仅使得在低温条件下将纳米金属烧结成合金产品成为现实，而且有望将一般不可互溶的金属烧结成合金，制作诸如质量轻、韧度高的"超流"钢等特种合金。纳米金属材料将广泛用于制造速度快、容量高的原子开关与分子逻辑器件以及可编程分子机器等。

3. 纳米复合材料

由单相微粒构成的固体材料称为纳米相材料；若每个纳米微粒本身由两相构成（一种相弥散于另一种相中），则相应的纳米材料称为纳米复合材料。纳米复合材料大致包括 3 种类型。第一种是 0-0 型纳米复合材料，即不同成分、不同相或者不同种类的纳米粒子复合而成的纳米固体。第二种是 0-3 型纳米复合材料，即把纳米粒子分散到常规的三维固体中获得的纳米复合材料，这种材料因性能优异而成为当今纳米复合材料科学研究的热点之一。例如，将金属的纳米颗粒放入常规陶瓷中，可大幅改善材料的力学性质；将纳米氧化铝粒子放入橡胶中，可提高橡胶的介电性和耐磨性，放入金属或合金中则可使晶粒细化，从而改善其力学性质，弥散到透明的玻璃中既不影响透明度，又能提高其高温冲击韧度。第三种是 0-2 型纳米复合材料，即把纳米粒子分散到二维的薄膜材料中获得的材料，其分散类型可分为均匀弥散和非均匀弥散两大类。

二元甚至多元的复合材料都可以通过把不同化学组分的超微颗粒（纳米固体）压制成多晶固体来获得，而不必考虑其组成部分是否互溶。如果把颗粒制得更小，直至尺寸仅有几个原子大小时，就可以将金属和陶瓷混合，把半导体材料和导电材料混合，制成性能独特的各种复合材料。例如，纳米复合多层膜在 7～17GHz 频率范围内吸收电磁波的峰值高达 14dB，在 10dB 水平的吸收频率宽为 2GHz；纳米合金颗粒对光的反射率一般低于 1%，粒度越小，吸收越强，利用这些特性，可以用其制造红外线检测元件、红外线吸收材料、隐形飞机上的雷达波吸收材料等。

将金属、铁氧体等纳米颗粒与聚合物复合形成 0－3 型纳米复合材料和多层结构的复合材料，能吸收、衰减电磁波和声波，减少反射和散射，这使其在电磁隐形和声隐形方面有重要的应用。此外，聚合物的超细颗粒在润滑剂、高级涂料、人工肾脏、多种传感器及多功能电极材料方面均有重要应用。在铁的超微颗粒（UFP）外面覆盖一层厚为 5～20nm 的聚合物后，可以固定大量蛋白质或酶，以控制生物反应，这在生物技术、酶工程中大有用处。

4. 纳米磁性材料

纳米磁性材料可用作磁流体及磁记录介质材料。在强磁性纳米粒子外包裹一层长链的表面活性剂，使其稳定地弥散在基液中形成胶体，即得到磁流体。这种磁流体可以用于旋转轴的密封，其优点是完全密封、无泄漏、无磨损、不发热、轴承寿命长、不污染环境、构造简单等，主要用于防尘密封和真空密封等高精尖设备及航天器等。另外，将 Fe_3O_4 磁流体注入音圈空隙就成为磁液扬声器，具有提高扬声器效率、减少互调失真和谐波失真、提高音质等作用。

磁性纳米微粒由于尺寸小，具有单磁畴结构、矫顽力高的特性，用其制成的磁记录介质材料不仅音质、图像和信噪比好，而且记录密度比 $\gamma-Fe_2O_3$ 高 10 倍。此外，超顺磁性的强磁性纳米颗粒还可以制成磁性液体，广泛用于电声器件、阻尼器件、旋转密封、润滑、选矿等领域。

5. 纳米催化材料

纳米颗粒还是一种极好的催化剂。Ni 或 Cu－Zn 化合物的纳米颗粒对某些有机化合物的氢化反应来说是极好的催化剂，可替代昂贵的 Pt 或 Pd。纳米铂黑催化剂可以使乙烯的氧化反应温度从 600℃ 降到室温，而超细的 Fe－Ni－（$\gamma-Fe_2O_3$）混合轻烧结体可代替贵金属作为汽车尾气净化的催化剂。

6. 纳米半导体材料

将 Si、有机硅、GaAs 等半导体材料配制成纳米相材料，可使材料具有许多优异的性能，如纳米半导体中的量子隧道效应可使电子输送反常，使某些材料的电导率显著降低，而其热导率也随颗粒尺寸的减小而下降甚至出现负值。这些特性将在大规模集成电路器件、薄膜晶体管选择性气体传感器光电器件及其他应用领域发挥重要的作用。纳米金属颗粒以晶格形式沉积在 Si 表面可构成高效半导体电子元件或高密度信息存储材料。

第四节 零件材料与工艺方法的选择

一、基本原则

零件的选材和与之相宜的加工方法的选择是产品设计时首先要考虑的问题。由于所能采用的材料和加工方法很多，因而材料和成形工艺方法的选用常常是一个复杂而困难的判断、优化过程。在进行材料及成形工艺的选择时，首先要考虑零件的材料性能在使用工况下是否能达到要求，还要考虑用该材料制造零件时的成形加工过程是否容易，同时还要考虑材料或机件的生产及使用是否经济等。所以，在选择材料及成形工艺时，一是要满足性能要求；二是要满足加工制造要求；三是要经济效益高。

（一）使用性能原则

使用性能原则是指所选择的材料必须能够适应使用工况，并能达到使用要求。满足使用要求是选材的必要条件，是在进行材料选择时首先要考虑的问题。

材料的使用要求体现在对其化学成分、组织结构、力学性能、物理性能和化学性能等内部质量的要求上，它是选材的最主要依据。对于零部件使用性能的要求，是在分析零件工作条件和失效形式的基础上提出的为满足材料的使用要求，在进行材料选择时，应主要从以下几个方面进行考虑：

1. 分析零件的工作条件，确定使用性能

零部件的工作条件是复杂的。工作条件分析包括受力状态（拉、压、弯、剪切），载荷性质（静载、动载、交变载荷），载荷大小及分布，工作温度（低温、室温、高温、变温），环境介质（润滑剂、海水、酸、碱、盐等），对零部件的特殊性能要求（电、磁、热）等。技术人员要在对工作条件进行全面分析的基础上确定零部件的使用性能。例如，曲轴是内燃机中形状复杂而又重要的零件，它在工作时受气缸中周期性变化的气体压力、曲轴连杆机构的惯性力、扭转和弯曲应力及冲击力等。因此，要求曲轴具有高的强度、一定的冲击韧性和弯曲、扭转疲劳强度，轴颈处要有高的硬度和耐磨性。

2. 分析零件的失效原因，确定主要使用性能

对零部件使用性能的要求，往往是多项的。因此，需要通过对零部件失效原因的分析找出导致失效的主导因素，从而准确地确定出零部件所必需的主要使用性能。例如，曲轴在工作时承受冲击、交变载荷作用，而失效分析表明曲

轴的主要失效形式是疲劳断裂（而不是冲击断裂），因此应以疲劳抗力作为主要使用性能要求来进行曲轴的设计。制造曲轴的材料也可由锻钢改为价格更便宜、工艺更简单的球墨铸铁。

3. 将对零部件的使用性能要求转化为对材料性能指标的要求

明确了零件的使用性能后，并不能马上进行选材，还要把使用性能的要求通过分析、计算量化为具体数值，再按这些数值从参考资料的材料性能数据的大致应用范围选材。常规的力学性能指标有硬度、强度、塑性和冲击韧性等。对于非常规的力学性能指标如断裂韧性及腐蚀介质中的力学性能指标，可通过模拟试验或查找有关资料相应的数据进行选材。

按力学性能指标选择材料时需要注意以下几个问题。

（1）材料的尺寸效应

标准试样的尺寸一般是较小的、确定的，而零件的尺寸一般是较大的、各不相同的。零件的尺寸越大，则其内部可能存在的缺陷数量就越多、最大的缺陷尺寸也就越大；零件的工艺性能也随之恶化，特别是热处理性能降低，如淬透性低的钢材就不易在整个截面上得到均匀一致的性能；零件在工作时的实际应力状态也将更复杂、恶劣，如大尺寸零件的应力状态较硬。所有的这一切都将使实际零件的力学性能下降，这就是尺寸效应。

（2）零件的结构形状对性能的影响

实际零件的油孔、键槽及过小的过渡圆角之处，通常存在着较大的应力集中，且其应力状态变得复杂，这也会使得零件的性能低于试样的性能。如正火45钢光滑试样的弯曲疲劳极限是280MPa，用其制造带直角键槽的轴，其弯曲疲劳极限则为140MPa。

（3）零件的加工工艺对性能的影响

材料性能是在试样处于确定状态下测定的，而实际零件在其制造过程中所经历的各种加工工艺有可能引入内部或表面缺陷（如铸造、焊接、锻造、热处理缺陷以及磨削裂纹和切削刀痕等），这些缺陷都将导致零件的使用性能降低。

（二）工艺性能原则

材料的工艺性能表示材料加工的难易程度。任何零件都是由所选材料通过一定的加工工艺制造出来的，因此材料工艺性能的好坏将直接影响到零件的质量、生产效率和成本。所选材料应具有好的工艺性能，即工艺简单、加工成形容易、能源消耗少、材料利用率高、产品质量好。金属材料的工艺性能主要包括铸造性能、压力加工性能、焊接性能、机械加工性能、热处理工艺性能。

1. 铸造性能

材料的铸造性能一般按其流动性、收缩特点和偏析倾向等综合评定。成分接近共晶点的合金的铸造性能最好,例如铝硅明、铸铁等。一些承受载荷不大、受力简单而结构复杂(尤其是复杂内腔结构)的零部件,如机床床身、减速器机壳体、发动机气缸等应选用含有共晶体的铸铁、铸造铝合金等材料。

2. 压力加工性能

压力加工的方法很多,大体上可分为两类:热加工,主要有热锻、热挤压等;冷加工,主要有冷冲压、冷镦、冷挤压等。在选材时,承受载荷较大、受力复杂的构件(如重要的轴、内燃机连杆、变速箱齿轮等)应选用中、低碳钢或合金结构钢、锻铝等具有良好可锻性的材料进行锻造成形,并进行必要的热处理,以强化组织、提高力学性能。许多轻工业产品(如自行车、家用电器上的金属零件)一般承载不大,但要求色泽美观、质量轻而且批量大,这时宜选用塑性优良的低碳钢、有色合金,以便冷压成形并进行必要的表面防护、装饰处理。

3. 焊接性能

在机械工业中,焊接的主要对象是各种钢,焊接性能可大致由碳当量来评价。当碳当量超过0.44%时,钢的焊接性能极差,因此,钢的含碳量越高、合金元素含量越高,焊接性能就越差。碳当量过高的钢不宜采用焊接成形法来制造零件毛坯。许多容器、输送管道、蒸汽锅炉等产品以及某些工程结构(一般体积较大、要求气密性好、能承受一定的压力)应选择低碳钢、低合金钢等焊接性能好的材料焊接成形。铝合金、钛合金极易氧化,需要在保护气氛中焊接,而且其焊接性能不好。

4. 机械加工性能

各种机械加工(主要是切削加工及磨削加工)是工业中应用最广的金属加工方法。绝大多数机器零件都要进行切削加工,应选用硬度适中(170~230HBW)、切削性能好的材料。切削铝及其合金的切削加工性就好,而奥氏体不锈钢及高速钢的切削加工性能却很差。当材料的切削加工性差时,可采用必要的热处理以调整其硬度或改进切削加工工艺,从而保证切削质量。

5. 热处理工艺性能

许多金属构件都要进行热处理(尤其是进行淬火和回火处理)才能达到所要求的力学性能。因此,选材时不能忽视热处理的工艺性能,特别是淬透性。对于要求整体淬透而截面较大的零件,应选用淬透性高的合金钢;形状比较复杂的、对热处理变形要求严格的工件,也应选用淬透性高的合金钢,并采用缓慢的冷却方式,以减小淬火变形;而对于只需要表层强化或形状简单的工件,则可以选用淬透性较低的材料。

选材时,与使用性能相比,工艺性能处于次要地位,但在某些特殊情况下，工艺性能也可能成为选材考虑的主要因素。以切削加工为例，在单件小批量生产条件下，材料切削加工性能的好坏并不重要，而在大批量生产条件下，切削加工性便会成为选材的决定性因素。例如某厂曾试制一种 25SiMnWV 钢作为 20CrMnTi 钢的代用材料，虽然它的力学性能比 20CrMnTi 高，但其正火后硬度高、切削加工性能差，不能适应大批量生产，故未被采用。

（三）经济性原则

除了满足使用性能与工艺性能外，选材应能使零件在其制造及使用寿命内的总费用最低，这就是选材的经济性原则。一个零件的总成本与零件寿命、零件质量、加工费用、研究费用、维护费用和材料价格有关。

从产品制造成本的构成比例看，机械产品的成本中，材料成本占很大比例，降低材料成本对制造者和使用者都有利。所以，在材料选择时应从满足使用性能要求的所有材料中选择材料价格较低的。在金属材料中，碳钢和铸铁的价格是比较低廉的，因此，在满足零件力学性能的前提下选择碳钢和铸铁（尤其是球墨铸铁），不仅具有较好的加工性能，而且可降低成本。低合金钢由于强度比碳钢高，总的经济效益比较显著，其应用范围有扩大的趋势。此外，所选材料的种类应尽量少而集中，以便于采购和管理。

从产品的寿命周期成本构成看，降低使用成本比降低制造成本更为重要，一些产品制造成本虽然较低，但使用成本较高，运行维护费用占使用成本的比例较大。所以减轻产品零部件的自重、降低运行能耗，同样是选择材料应考虑的重要因素。有时所选材料的制造成本较高，但其寿命长、运行维护费用低，反而使总成本降低。例如汽车用钢板，若将低碳优质碳素结构钢改为低碳低合金结构钢，虽然钢的成本提高，但由于钢的强度提高，钢板厚度可以减薄、用材总量减少、汽车自重减少、寿命提高、油耗减少、维修费减少，总成本反而降低。

随着工业的发展，资源和能源的问题日渐突出，选用材料时必须对此有所考虑，特别是对于大批量生产的零件，所用材料应该来源丰富并顾及我国资源状况。由于我国 Ni、Cr、Co 资源缺少，应尽量选用不含或少含这类元素的钢或合金。另外，还要注意生产所用材料的能耗，尽量选用耗能低的材料，例如为保证使用性能而选择非调质钢代替调质钢，既节省了能源，又减少了环境污染。

二、零件材料与工艺方法选择的步骤及方法

（一）选材的步骤

（1）通过分析零件的工作条件并结合同类材料失效分析的结果，确定允许

材料使用的各项广义许用应力指标（如许用强度、许用变形量及使用时间等）。

（2）找出主要和次要的指标，以主要指标作为选材的主要依据。

（3）根据主要性能指标，选择符合要求的几种材料。

（4）根据材料的成形工艺性能、零件的复杂程度、零件的生产批量、现有生产条件和技术条件选择材料生产的成形工艺。

（5）综合考虑材料成本、成形工艺性能、材料性能、使用的可靠性等，利用优化方法选出最适用的材料。

（6）必要时，对于重要的零件应在投产前先进行试验，初步检验所选择材料是否满足性能要求、加工过程有无困难，试验结果基本满意后再进行投产。

上述步骤只是选材步骤的一般规律，其工作量和耗时都相当大。进行重要零件和新材料的选材时，需进行大量的基础性试验和批量试生产过程，以保证材料的使用安全性；对不太重要的、批量小的零件，通常参照相同工况下同类材料的使用经验来选择材料、确定材料的牌号和规格、安排成形工艺。若零件属于正常的损坏，则可选用原来的材料及成形工艺；若零件的损坏属于非正常的早期破坏，应找出引起失效的原因并采取相应的措施。零件的早期失效如果是材料或生产工艺问题导致的，可以考虑选用新材料或新的成形工艺。

（二）选材的方法

1. 经验法

根据以往生产相同零件时选材的成功经验，或者根据有关设计手册对此类零件的推荐用材作为依据来选材。此外，在国内外已有同类产品的情况下，可通过技术引进或进行材料成分与性能测试套用其中同类零件所用的材料。

2. 类比法

通过参考其他种类产品中功能或使用条件类似且实际使用良好的零件的用材情况，经过合理的分析、对比后，选择与之相同或相近的材料。

3. 替代法

在生产零件或维修机械更新零件时，如果原来所选用的材料因某种原因无法得到或不能使用，则可参照原用材料的主要性能指标另选一种性能与之近似的材料。为了确保零件的使用安全性，替代材料的品质和性能一般不能低于原用的材料。

4. 试差法

如果是新设计的关键零件，应按照上述选材步骤的全过程进行选材，如果材料试验结果未能达到设计的性能要求，应找出差距、分析原因并对所选材料牌号或热处理方法加以改进后再进行试验直至结果满足要求，才可根据此结果确定所选材料及其热处理方法。

所选择的材料是否能够很好地满足零件的使用和加工要求，还有待在实践中做出检验，因此，选材的工作不仅贯穿于产品的开发、设计、制造等各个阶段，而且还要在使用过程中及时发现问题，不断改进材料。

第三章 机械设计

第一节 平面连杆机构及其设计

一、平面机构概述

组成机构的所有构件都在同一平面或相互平行的平面内运动，则称该机构为平面机构。机构是具有确定运动的构件系统，其组成要素有构件和运动副。所有构件的运动平面都相互平行的机构亦称为平面机构，否则称为空间机构。应用最为广泛的是平面连杆机构。

（一）构件及其类型

构件是机构彼此相对运动的运动单元体，一个构件可以是一个单独制造的零件，如连杆，也可以是由若干零件联接构成的组合体，如曲柄连杆、曲轴等。

构件按照其在机构中的功能分为机架、主动件、联运件和从动件。机架是机构中相对静止，用以支承各运动构件运动的构件。主动件又称为原动件或输入件，是输入运动和动力的构件。从动件又称为被动件或输出件，是直接完成机构运动要求，跟随主动件运动的构件。联运件是连接主、从动件的中介构件。

（二）运动副

机构中各个构件之间必须有确定的相对运动，因此，构件的连接既要使两个构件直接接触，又能产生一定的相对运动，这种直接接触的活动连接称之为运动副。如滚动轴承中的滚动体与内外圈的滚道，啮合中的一对齿（轮）廓，滑块与导轨，均保持直接接触，并能产生一定的相对运动，因而都构成了运动副。在构件上直接参与接触而构成运动副的点、线或面称为运动副元素。

（三）运动链和机构

两个以上的构件通过运动副连接而成的系统称为运动链。运动链按照其运动副的数量分为闭式运动链和开式运动链两种。闭式运动链是指组成运动链的每个构件至少包含两个运动副，组成一个首末封闭的系统。开式运动链的构件中有的构件只包含一个运动副，它们不能组成一个封闭的系统。

（四）平面机构的优缺点

1. 优点

（1）运动副形状简单，易制造。

（2）面接触，承载能力大，可承受冲击力，如冲床。

（3）实现远距离传动或操纵，如自行车手闸。

（4）实现多样的运动轨迹连杆上不同点的轨迹。

（5）构件运动形式多样性连杆构件可以实现往复摆动、连续转动与往复移动之间的相互转换，构件具有多种运动形式。

（6）改变构件相对长度，可实现不同的运动规律和运动要求。

2. 缺点

（1）连杆机构不适于高速场合。

（2）连杆机构中运动的传递要经过中间构件，运动传递的积累误差较大。

二、平面连杆机构

根据构件之间的相对运动为平面运动或空间运动，连杆机构可分为平面连杆机构和空间连杆机构。平面连杆机构是一种常见的传动机构。平面连杆机构又称低副机构，是机械的组成部分中的一类，指由若干（两个以上）有确定相对运动的构件用低副（转动副或移动副）联接组成的机构。平面连杆机构广泛应用于各种机器、仪器以及操纵控制装置中。如往复式发动机、抽水机和空气压缩机以及牛头刨床、插床、挖掘机、装卸机、颚式破碎机、摆动输送机、印刷机械、纺织机械等。随着连杆机构设计方法的发展，电子计算机的普及应用以及有关设计软件的开发，连杆机构的设计速度和设计精度有了较大的提高，而且在满足运动学要求的同时，还可考虑到动力学特性。尤其是微电子技术及自动控制技术的引入，多自由度连杆机构的采用，使连杆机构的结构和设计大为简化，使用范围更为广泛。

（一）平面连杆机构的结构

平面连杆机构是一种常见的传动机构，其最基本也是应用最广泛的一种型式是由四个构件组成的平面四杆机构，全部采用回转副组成的平面四杆机构称为铰链四杆机构。由于机构中的多数构件呈杆状，所以常称杆状构件为杆。由若干个刚性构件通过低副（转动副、移动副）联接，且各构件上各点的运动平面均相互平行的机构，又称平面低副机构。低副是面接触，压强小、耐磨损，易于加工和几何形状能保证本身封闭等优点,加上转动副和移动副的接触表面是圆柱面和平面,制造简便,易于获得较高的制造精度。因此,连杆机构广泛应用于各种机械和仪表中。但与高副机构相比,它难以准确实现预期运动,设计计算复杂。

（二）平面连杆机构的分类

根据机构中构件数目的多少分为四杆机构、五杆机构、六杆机构等,一般将五杆及五杆以上的连杆机构称为多杆机构。当连杆机构的自由度为1时,称为单自由度连杆机构。当自由度大于1时,称为多自由度连杆机构。平面连杆机构中最常用的是四杆机构,其组成的构件数目最少,且能转换运动。多于四杆的平面连杆机构称多杆机构,它能实现一些复杂的运动,但杆多且稳定性差。

（三）平面连杆机构的特点

连杆机构构件运动形式多样,如可实现转动、摆动、移动和平面或空间复杂运动,从而可用于实现已知运动规律和已知轨迹。

1. 优点

（1）采用低副,面接触、承载大、便于润滑、不易磨损、形状简单、易加工、容易获得较高的制造精度。

（2）改变杆的相对长度,从动件运动规律不同。

（3）两构件之间的接触是靠本身的几何封闭来维系的,不像凸轮机构有时需利用弹簧等力封闭来保持接触。

（4）连杆曲线丰富,可满足不同要求。

2. 缺点

（1）构件和运动副多,累积误差大、运动精度低、效率低。

（2）产生动载荷,且不易平衡,不适合高速。

（3）设计复杂,难以实现精确的轨迹。

（四）平面连杆机构的应用

以应最为广泛的四杆平面连杆机构为例,动力机的驱动轴一般整周转动,因此机构中被驱动的主动件应是绕机架作整周转动的曲柄在形成铰链四杆机构的运动链中,a、b、c、d既代表各杆长度又是各杆的符号。当满足最短杆和最长杆之和小于或等于其他两杆长度之和时,若将最短杆的邻杆固定其一,则最短杆即为曲柄。

若铰链四杆机构中最短杆与最长杆长度之和小于或等于其余两杆长度之和,则：

a. 取最短杆的邻杆为机架时,构成曲柄摇杆机构。

b. 取最短杆为机架时，构成双曲柄机构，即两连架杆均为曲柄的铰链四杆机构称为双曲柄机构。在双曲柄机构中，通常主动曲柄作等速转动，从动曲柄作变速转动。

c. 取最短杆为连杆时，构成双摇杆机构，即两连架杆均为摇杆的铰链四杆机构称为双摇杆机构，两摇杆长度相等的双摇杆机构，称为等腰梯形机构。

d. 若铰链四杆机构中最短杆与最长杆长度之和大于其余两杆长度之和，则无曲柄存在，不论以哪一杆为机架，只能构成双摇杆机构。

三、平面机构的运动特性

平面机构的运动有着鲜明的特性，机构是具有确定的相对运动的构件系统，但不是任何构件系统都能实现确定的相对运动，因此不是任何构件系统都能成为机构。因此，机构具有确定的相对运动的必要条件就是机构的自由度 $F>0$，且主动构件数与机构的自由度数相等。

（一）自由度和运动副约束

构件中具有的独立运动参数的数目称为自由度，机构中的任何一个构件在空间自由运动时皆有六个自由度。自由度所表示的含义就是构件在直角坐标系内沿着三个坐标轴的移动和绕三个坐标轴的转动。而对于一个作平面运动的构件，则只有三个自由度。即沿 X 轴和 Y 轴移动，以及在 X－Y 平面内的转动。

两个及两个以上的构件通过运动副联接以后，相对运动受到限制。运动副对成副的两个构件间的相对运动所加的限制称为约束。引入一个约束条件将减少一个自由度，而约束的多少及约束的特点取决于运动副的形式。

（1）转动副的运动副限制了轴颈沿 X 轴和 Y 轴的移动，只允许轴颈绕轴承相对转动，这种运动副称为转动副。转动副引入了 2 个约束，保留了 1 个自由度。

（2）移动副的运动副，构件这间只能沿 X 轴做相对移动，这种沿一个方向相对移动的运动副称为移动副。移动副也具有 2 个约束，保留了 1 个自由度。转动副和移动副都是面面接触，统称为低副。

（3）平面高副，在曲线构成的运动副中构件 2 相对于构件 1 既可沿接触点处切线方向移动，又可绕接触点转动，运动副保留了 2 个自由度，带进了一个约束。这类以点接触或线接触的运动副称之为高副。

（二）平面机构的自由度

运动链和机构都是由机件和运动副组成的系统，机构要实现预期的运动传递和变换，必须使其运动具有可能性和确定性。由 3 个构件通过 3 个转动副联接而成的系统就没有运动的可能性。五杆系统，若取构件作为主动件，当给定角度时，构件既可以处在实线位置，也可以处在虚线或其他位置，因此，其从动件的位置是不确定的。但如果给定构件的位置参数，则其余构件的位置就都被确定下来。四杆机构，当给定构件的位置时，其他构件的位置也被相应确定。

由此可见，无相对运动的构件组合或无规则乱动的运动链都不能实现预期的运动变换。将运动链的一个构件固定为机架，当运动链中一个或几个主动件位置确定时，其余从动件的位置也随之确定，则称机构具有确定的相对运动。那么究竟取一个还是几个构件作主动件，这取决于机构的自由度。机构的自由度就是机构具有的独立运动的数目。因此，当机构的主动件等于自由度数时，机构就具有确定的相对运动。

（三）平面机构的自由度计算

在平面运动链中，各构件相对于某一构件所需独立运动的参变量数目，称为运动链的自由度。它取决于运动链中活动构件的数目以及连接各构件的运动副类型和数目。

平面运动链自由度计算公式：

$$F = 3n - 2L - H$$

式中：F——运动链的自由度；

n——活动构件的数目；

L——低副的数目；

H——高副的数目。

（四）空间自由度的计算

目前而言，空间自由度的计算方法有五种。

（1）传统方法，通过公式 $F = 6n - \sum_{l=1}^{5} i \cdot Pi$ 计算。

传统方法就是通过所有刚体的自由度数之和减去每一个运动副所约束的自由度数。该方法的优点是，便于设计分析人员的分析与计算。尤其在平面机构的自由度分析上，通过计算者识别虚约束与局部自由度，几乎可以完成大部分机构的自由度计算。然而对于空间机构来说，由于虚约束与局部自由度难以识别，而且机构本身的尺寸，约束的位置不同、机构的实际运动自由度会有很大的差异。该公式已经难以胜任空间机构的自由度计算任务。不过难以否认的是该公式在机械设计史上的突出贡献，很多经典的机构，机械装置都是基于该公式设计而成的。

（2）通过构建机构的运动学分析方程并分析其、计算其自由度，或是拆分出机构的每一个闭链，通过虚位移矩阵法来分析机构自由度。该方法较为成熟，也最好理解，在理论上可以完美的计算出机构的自由度，计算方法在理解上较为简单。然而该种方法虽然理解简单但计算过程本身较繁琐，而且该方法适用于对于已设计出机构的分析，利用该公式进行机构设计并不太方便。

（3）对机构的Jacobian矩阵计算其零空间，来分析机构的自由度。该方法虽然理论上也可以解决自由度计算但是应用较为少见。其一是零空间的计算十分困难，甚至利用软件也难以解决。其二是该种方法也适用于对已有机构的分析计算，难以利用该方法实现创新。

（4）基于群论、代数、微分几何的知识来解决自由度计算的问题。群论、李代数、微分几何是解决复杂机构学问题的法宝。如果掌握，对于机构的设计与分析，并联机构的设计及计算，甚至机构的概念设计都有着十分积极的意义。现代的机构学与机器人学很多理论都是基于此而形成的。然而此种方法对设计人员的知识水平要求较高，对于普通的设计人员不太实用。

（5）基于螺旋理论的自由度计算方法。旋量也是解决机构学问题的利器。该种方法虽然并不能完美的解决所有的自由度问题。但在理解上更接近于第一种。在理解难度上大于第二种，计算难度上小于第二种。可以对于机构的概念设计有潜移默化的影响，不过对于普通的设计人员而言理解较为困难。

（五）平面机构运动特性分析

1. 图解法

在研究机构运动特性时，为了使问题简化，只考虑与运动有关的运动副的数目、类型及相对位置，不考虑构件和运动副的实际结构和材料等与运动无关的因素。用简单线条和规定符号表示构件和运动副的类型，并按一定的比例确定运动副的相对位置及与运动有关的尺寸，这种表示机构组成和各构件间运动关系的简单图形，称为机构运动简图。只是为了表示机构的结构组成及运动原理而不严格按比例绘制的机构运动简图，称为机构示意图。

图解法的目的就是将那些与机构运动无关的外部形态，如构件的截面尺寸、组成构件的零件数目和运动副的具体结构等撇开，而把决定机构运动性质的本质上的东西，如运动副的数目、类型、相对位置及某些尺寸等抽象出来，清晰地表示出机械的组成、机构运动传递关系，以便于对机械进行运动和动力分析。

图解法形象直观，用于平面机构简介方便，但是精度不高。图解法主要包括：速度瞬心法和矢量方程发两类。其中最常用的就是速度瞬心法。

瞬心为互相作平面相对运动的两构件上，瞬时相对速度为零的点，也就是瞬时速度相等的重合点（即等速重合点）。若该点的绝对速度为零则为绝对瞬心，若不等于零则为相对瞬心。瞬心还可以指瞬时速度中心，简称速度瞬心或瞬心。作平面运动的刚体，每一瞬时在平面图形上速度等于零的点。如车轮在直线轨道上作无滑滚动时，车轮平面上与轨道接触的点。如不作平动，刚体或其延拓部分上唯一的瞬时速度为零的点。除了速度瞬心外，还有瞬时加速度中心，简称加速度瞬心。指的是作平面运动的刚体，如不作平动，刚体或其延拓部分上存在的唯一的加速度为零的点。

速度瞬心法具有三个特点：速度为零；必定位于各质点速度的垂线上；各质点的速度之比等于各点到瞬心的距离之比。速度瞬心在平面图形上的位置不是固定的，而是随时间变化的，然而当作定轴转动时，速度瞬心位置不变。每一个作平面运动的图形内各点的速度分布情况与图形在该瞬时以某一角速度绕速度瞬心转动时一样；若此时角速度为零，则各点的速度分布情况与图形作平动时一样。利用速度瞬心的概念来求平面图形上各点的速度，可使问题得到简化。

求瞬心的依据是瞬心的定义，就是利用"瞬时等速重合点"的概念。存在瞬心的前提是机构小各构件之间的相对自由度为1。对于单自由度机构，只要机构有确定的位置就可以了，对于多自由度机构，则还要求机构有确定的速度。瞬心的求法主要有两种：直接观察法，就是定义法，用于直接形成运动副的构件；三心定理法，用于没有直接形成运动副的两构件。

速度瞬心法仅用于求解速度问题，不能用于求解加速度问题。

速度瞬心法用于简单机构（构件较少），很方便、几何意义强。

对于复杂机构，瞬心数目太多，速度瞬心法求解不便（可以只找与解题有关的瞬心）。

瞬心落在图外，解法失效。

瞬心多边形求解的实质为三心定理，对超过四个以上构件的机构借助于瞬心多边形求解较方便。

2. 解析法

平面机构运动分析的解析法有很多种，而比较容易掌握且便于应用的方法有矢量方程解析法、复数法和矩阵法。而当需要精确地知道或要了解机构在整个运动循环过程中的运动特性时，采用解析法并借助计算机，不仅可获得很高的计算精度及一系列位置的分析结果，并能绘出机构相应的运动线图，同时还可把机构分析和机构综合问题联系起来，以便于机构的优化设计。

解析法是通过力矢在坐标轴上的投影来分析力的合成与分解，其特点是直接用机构已知参数和应求的未知量建立的数学模型进行求解，从而可获得精确的计算结果。随着现代数学工具的日益完善和计算机的飞速发展，快速、精确的解析法已占据了主导地位，并具有广阔的应用前景。

(六) 平面机构的高副低代

一般是在平面机构中，把机构中的高副根据一定的条件用虚拟的低副来等效地替代。这种高副以低副来代替的方法称为高副低代。常见的就是用两个转动副和一个构件来代替一个高副。进行高副低代必须满足两个条件：一是代替前后机构的自由度完全相同；二是代替前后机构的瞬时速度（一阶参量不变）和瞬时加速度（二阶参量不变）完全相同。高副低代的在平面机构运动特性中具有一定的必要性，原因一是通常机构是按低副分类进行的；二是高副低代后运动分析更加容易；三是强调高副与低副之间的内在联系，可以相互转化。

四、平面机构的力学特性

力是物体之间相互的机械作用，这种作用使物体的运动状态发生改变（包括变形）。因此力不能离开物体而存在，并且力总是成对的出现。作为平面机构也不例外，其运动特性始终围绕力而展开。

(一) 力的概念

物体在力的作用下产生的效应分为两种，一是外效应，就是使物体的运动状态发生变化（物体发生移动或转动）；二是内效应，就是使物体发生变形。

力对物体的作用效应取决于力的三个要素。力的三要素就是大小、方向和作用点。

(二) 力矩

力矩在是指作用力使物体绕着转动轴或支点转动的趋向，可以分为力对轴的矩和力对点的矩，转动力矩又称为转矩或扭矩。力矩的概念，起源于阿基米德对杠杆的研究。力对轴的矩是力对物体产生绕某一轴转动作用的物理量，力矩等于径向矢量与作用力的乘积就是说力矩的大小等于力在垂直于该轴的平面上的分量和此分力作用线到该轴垂直距离的乘积。力对点的矩是力对物体产生绕某一点转动作用的物理量，等于力作用点位置和力矢的矢量积。力矩能够使物体改变其旋转运动，推挤或拖拉涉及作用力，而扭转则涉及力矩，力矩等于径向矢量与作用力的乘积。力矩使物体绕矩心产生的转动方向用力矩的正负值表示，当力矩使物体产生逆时针转向转动时，力矩取为正值，反之取为负值。

(三) 力偶

力偶是指作用在同一物体上的两个大小相等、方向相反，且不共线的平行力。力偶的性质就是只要保持力偶矩的大小、转向不变，力偶在其平面内的位置可以任意旋转或平移。

作用在同一刚体上的两力偶，如果力偶矩矢相等，则两力偶等效，这就是力偶的等效理论。

力偶大小相等、方向相反，但作用线不在同一直线上的一对力，因此力偶能使物体产生纯转动效应。如用双手使用丝锥，施加的力偶对丝锥不会产生横向侧压力，这样钻得的孔才能与表面垂直。力偶的二力对空间任一点之矩的和是一常量，称为力偶矩。当一力偶可用与其作用面相平行和力偶矩相等的另一力偶代替，而不改变其对刚体的转动作用。由于力偶的作用面可在刚体上自由平移，所以刚体上的力偶矩矢是自由矢，即它的作用点可以是刚体上的任一点。如力偶作用在变形体上，力偶矩矢就不可自由平移，因为这样会产生不同的扭转效应。受力偶作用的物体，会产生角加速度，不能用一个力来平衡，因为一个力具有主矢，但由一个力偶所组成的力系，其主矩不为零，而主矢为零。

作用在刚体上的两个或两个以上的力偶组成力偶系，若力偶系中各力偶都位于同一平面内，则为平面力偶系，否则为空间力偶系。力偶既然不能与一个力等效，力偶系简化的结果显然也不能是一个力，而仍为一力偶，此力偶称为力偶系的合力偶。力偶具有三个方面的性质。

（1）力偶没有合力，所以力偶不能用一个力来代替，也不能与一个力来平衡。从力偶的定义和力的合力投影定理可知，力偶中的二力在其作用面内的任意坐标轴上的投影的代数和恒为零，所以力偶没有合力，力偶对物体只能有转动效应，而一个力在一般情况下对物体有移动和转动两种效应。因此，力偶与力对物体的作用效应不同，所以其不能与一个力等效，也不能用一个力代替，也就是说力偶不能和一个力平衡，力偶只能和转向相反的力偶平衡。

（2）力偶对其作用面内任一点之矩恒等于力偶矩，且与矩心位置无关。

（3）在同一平面内的两个力偶，如果它们的力偶矩大小相等，转向相同，则这两个力偶等效，称为力偶的等效条件。

（四）力偶矩

力偶矩是"力偶的力矩"的简称，也被称之为"力偶的转矩"。力偶是两个相等的平行力，它们的合力矩等于平行力中的一个力与平行力之间距离（称力偶臂）的乘积，称作"力偶矩"，力偶矩与转动轴的位置无关。力偶的合力为零，因此它不会改变物体的平动状态，力偶的效果是改变物体的转动状态。

力偶矩是矢量，其方向和组成力偶的两个力的方向间的关系，遵从右手螺旋法则。对于有固定轴的物体，在力偶的作用下，物体将绕固定轴转动。没有固定轴的物体，在力偶的作用下物体将绕通过质心的轴转动。力偶矩有六个方面的工作特性。

（五）平面力系

一组力同时作用在一个物体上，这一组力就称为力系。力系是指力与物体作用与力在其作用平面内分布的方式。如果有一力系可以代替另一力系作用在物体上而产生同样的机械运动效果,则两力系互相等效,可称为等效力系。在机械工程领域中,经常会遇到所有的外力都作用在一个平面内的情况,称之为平面力系。平面力系可按力系中的各力的相互关系分为平面汇交力系、平面平行力系和平面任意(一般)力系。当力系中各力都汇交于一点时,称为平面汇交力系;当力系中各力都互相平行时,称为平面平行力系。当力系中各力既不全部平行,又不全部汇交于一点时,称为平面任意(一般)力系。

(六) 合力与平衡状态

如果某力与一力系等效,则此力为该力系的合力。如果合力等于零,那么,物体一定是处于平衡状态(物体保持静止或作匀速直线运动)。要使物体处于平衡状态,则作用在物体上的力系应是一组平衡力系。

1. 二力平衡

作用在刚体上的两个力,使刚体保持平衡的必要和充分条件是:这两个力的大小相等,方向相反,作用在同一个刚体,且在同一直线上,这就是二力平衡条件。但是两力平衡只适用于刚体,对于变形体只是必要条件而不是充分条件。

2. 加减平衡力系原理

在作用于刚体的任意已知力系中,加上或减去任意的平衡力系,不改变原力系对刚体的作用效果。如果两个力系只相差一个或几个平衡力系,则它们对刚体的作用效果是相同的,因此这两个力系可以等效替换。也就是说作用于刚体上的力在刚体内沿着它的作用线移到任意一点,并不改变该力对刚体的作用,这就是力的可传性原理。

3. 力的平行四边形法则

如果两个力作用线汇交于一点,则其合力也作用于同一点,且合力的大小可用这两个力为边的平行四边形的对角线来表示。如果作用于刚体上的三个力是相互平衡的力,那么其中任意两个力的合力一定与第三个力满足二力平衡条件,同时此三力必在同一平面内,且三个力的作用线一定汇交与一点,这就是三力平衡汇交定理。

4. 作用和反作用定律

作用力和反作用力总是同时存在的,且大小相等、方向相反,沿着同一直线作用,但分别作用在两个相互作用的物体上。

5. 刚化原理

当变形体在已知力系作用下处于平衡时,如将此变形体变为刚体(刚化),则平衡状态保持不变。

6. 合力矩定理

在同平面内的两个力偶,如果力偶矩相等,则两力偶彼此等效。

7. 力的平移定理

作用在刚体上的力可以平移其作用线到刚体上任意一点处，但必须附加一个力偶，此附加力偶的矩等于原来的力对新作用点的力矩。

（七）力在机械工程中的应用

1. 力矩的应用

力矩在日常生活中随处可见，如房门开启关闭等，在机械工程中最典型的应用就是力矩扳手与力矩电动机。力矩扳手又叫扭矩扳手、扭力扳手、扭矩可调扳手。力矩扳手最主要特征就是：可以设定扭矩，并且扭矩可调，操作方便、省时省力、扭矩可调。力矩扳手既可初紧又可终紧，它的使用是先调节扭矩，再紧固螺栓。力矩电动机是一种扁平型多极永磁直流电动机，其电枢有较多的槽数、换向片数和串联导体数，以降低转矩脉动和转速脉动。力矩电动机有直流力矩电动机和交流力矩电动机两种。

2. 力偶的应用

力偶在机械工程、日常生活中无处不在，如用手扭转螺丝起子时，螺丝起子会感受到力偶。当用螺丝起子扭转螺丝钉时，螺丝钉会感受到力偶。一个在水里旋转的螺旋桨推进器，会感受到由水阻力产生的力偶。在一个均匀电场里，电偶极子会感受到电场的力偶。最典型的就是汽车方向盘，方向盘一般是通过花键与转向轴相连，其功能是将驾驶员作用到转向盘边缘上的力转变为转矩后传递给转向轴。

3. 力偶矩的应用

中置轴汽车列车横摆力偶矩控制（Direct Yaw－moment Control，DYC）就是使牵引车横摆角速度跟随参考值，同时尽量降低铰接角速度以减小后部放大系数。采用模糊控制的方法动态调节 DYC 介入的门限。通过 PID 控制器计算所需制动力矩，并结合控制门限值最终确定实际输出制动力矩。通过制动力分配策略，控制列车某车轮进行制动（忽略侧向力的影响为前提），以提供相应的横摆力偶矩，改善汽车列车的行驶稳定性，这就是力偶矩在机械工程运用中的典型实例。

五、平面四杆机构的设计

平面四杆机构设计的主要任务是根据给定的运动条件，用图解法、解析法或实验法确定机构运动简图的尺寸参数。有时，为使设计更为合理，还需考虑几何条件和动力条件等。人所尽知，生产实践中的要求是多种多样的，给定的条件也各不相同，但基本上可归纳为以下两类问题：按给定的位置或运动规律要求设计四杆机构；按给定的轨迹要求设计四杆机构。

（一）按给定的行程速比系数设计四杆机构

在设计该类四杆机构时，通常按实际需要先给定行程速比系数 K 值，然后根据机构在极限位置时的几何关系，结合有关辅助条件来确定机构运动简图的尺寸参数。

1. 曲柄摇杆机构

已知摇杆的长度 l_{CD}、摇杆摆角 ψ 和行程速比系数 K，试设计该曲柄摇杆机构。

设计的实质是确定固定铰链中心 A 的位置，定出其他三个构件的尺寸 l_{AB}、l_{BC} 和 l_{AD}。其设计步骤如下：

（1）由给定的行程速比系数 K，用下式计算出极位夹角 θ。

$$\theta = 180° \frac{K-1}{K+1}$$

（2）任选一固定铰链点 D，选取长度比例尺 μ_l 并按摇杆长 l_{CD} 和摆角 ψ 作出摇杆的两个极限位置 C_1D 和 C_2D，如图 3-1 所示。

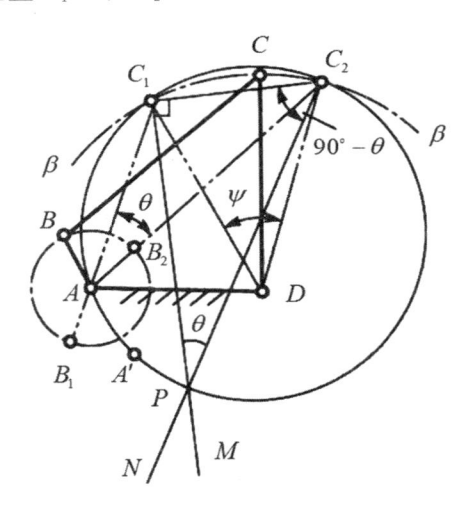

图 3-1 按 K 值设计曲柄摇杆机构

（3）连接 C_1，C_2 并自 C_1 作 C_1C_2 的垂直线 C_1M。

（4）作 $\angle C_1C_2N = 90° - \theta$，则直线 C_2N 与 C_1M 相交于 P 点。由三角形的三内角和等于 180°可知，直角三角形 $\triangle C_1PC_2$ 中 $\angle C_1PC_2 = \theta$。

（5）以 C_2P 为直径作直角三角形 $\triangle C_1PC_2$ 的外接圆，在圆周 $\overparen{C_1PC_2}$ 上任选一点 A 作为曲柄 AB 的机架铰链点，并分别与 C_1，C_2 相连，则 $\angle C_1AC_2 = \angle C_1PC_2 = \theta$（同一圆弧所对的圆周角相等）。

（6）由图 3-1 可知，摇杆在两极限位置时曲柄和连杆共线，故有 $AC_1 =$

$BC - AB$ 和 $AC_2 = BC + AB$。解此两方程可得

$$AB = \frac{AC_2 - AC_1}{2}$$

$$BC = \frac{AC_2 + AC_1}{2}$$

上述均为图上量得长度，故曲柄、连杆和机架的实际长度分别为

$$l_{AB} = \mu_l AB$$

$$l_{BC} = \mu_l BC$$

$$l_{AD} = \mu_l AD$$

由于 A 点可在 $\triangle C_1 PC_2$ 的外接圆周 $\overparen{C_1 PC_2}$ 上任选，故在满足行程速比系数 K 的条件下可有无穷多解。A 点位置不同，机构传动角大小也不同。为了获得较好的传力性能，可按最小传动角或其他辅助条件来确定 A 点位置。

2. 曲柄滑块机构

已知曲柄滑块机构的行程速比系数 K、冲程 H 和偏距 e，试设计该曲柄滑块机构。

作图方法与上题类似，先根据行程速比系数 K 计算出极位夹角 θ。然后如图 3-2 所示，作一直线 $C_1 C_2 = H$，由点 C_1 作 $C_1 C_2$ 的垂线 $C_1 M$，再由点 C_2 作一直线 $C_2 N$ 与 $C_1 C_2$ 成 $90° - \theta$ 的夹角，此两线相交于点 P。过 P、C_1 及 C_2 三点作圆，则此圆的弧 $\overparen{C_1 PC_2}$ 上任一点 A 与 $C_1 C_2$ 两点连线的夹角 $\angle C_1 AC_2$ 都等于极位夹角 θ，所以曲柄 AB 的机架铰链点 A 应在此圆弧上。

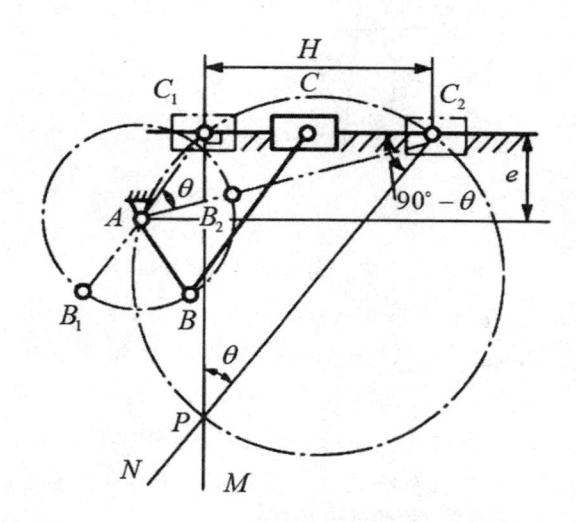

图 3-2 按 K 值设计曲柄滑块机构

再作一直线与 C_1C_2 平行，使其间的距离等于给定偏距 e，则此直线与上述圆弧的交点即为曲柄 AB 的机架铰链点 A 的位置。当 A 点确定后，如前所述，根据机构在极限位置时曲柄与连杆共线的特点，即可求出曲柄的长度 l_{AB} 及连杆的长度 l_{BC}。

3. 导杆机构

已知摆动导杆机构中机架的长度 l_{AC}，行程速比系数 K，试设计该导杆机构。

由图 3－3 可知，导杆机构的极位夹角 θ 等于导杆的摆角 ψ，所需确定的尺寸是曲柄长度 l_{AB}。

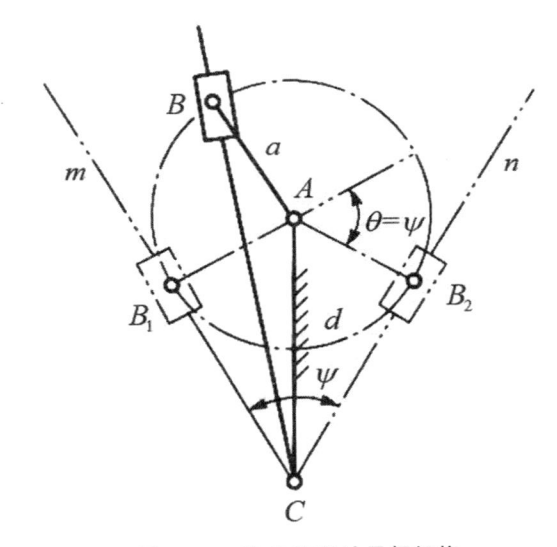

图 3－3　按 K 值设计导杆机构

其设计步骤如下：

（1）由已知行程速比系数 K，按式 $\theta = 180° \dfrac{K-1}{K+1}$ 求得极位夹角 θ（也是摆角 ψ）。

$$\psi = \theta = 180° \dfrac{K-1}{K+1}$$

（2）选取适当的长度比例尺 μ_l，任选固定铰链点 C，以夹角 ψ 作出导杆两极限位置 Cm 和 Cn。

（3）作摆角 ψ 的平分线 AC，并在线上取 $AC = l_{AC}/\mu_l$，得固定铰链点 A 的位置。

（4）过 A 点作导杆极限位置的垂线 AB_1 或 AB_2，即得曲柄长度

$$l_{AB} = \mu_l AB_1$$

（二）按给定的连杆位置设计四杆机构

1. 给定连杆两个位置设计四杆机构

图 3－4 所示为铸工车间用的翻台振实式造型机的翻转机构。它是应用一铰链四杆机构 AB_1C_1D 来实现翻台的两个工作位置的。在图中的实线位置 I 时，砂箱 7 的翻台 8 在振实台 9 上造型振实。当压力油推动活塞 6 时，通过连杆 5 推动摇杆 1 摆动，从而将翻台与砂箱转到双点画线位置 II。然后，托台 10 上升接触砂箱并起模。

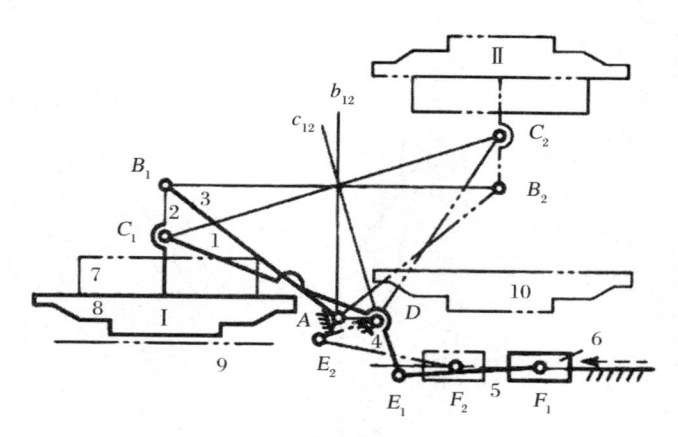

图 3－4　翻台振实式造型机的翻转机构

设与翻台固连的连杆 2 上两转动副中心间的距离为 l_{BC}，且已知连杆的两工作位置 B_1C_1 和 B_2C_2，要求设计该四杆机构并确定杆 AB、CD、AD 的长度 l_{AB}、l_{CD}、l_{AD}。

由已知条件可知，设计此机构的实质在于确定两固定铰链 A 和 D 的位置。由铰链四杆机构运动可知，连杆上 B、C 两点的运动轨迹分别为以 A、D 两点为圆心的两段圆弧，B_1B_2 和 C_1C_2 即分别为其弦长。所以，A 和 D 必然分别位于 B_1B_2 和 C_1C_2 的垂直平分线 b_{12} 和 c_{12} 上。因此，该机构的设计步骤可归纳如下：

（1）根据已知条件，取适当的比例尺 μ_l 所绘出连杆 2 的两个位置 B_1C_1 和 B_2C_2。

（2）连接 B_1、B_2 和 C_1、C_2 并分别作它们的垂直平分线 b_{12} 和 c_{12}。

（3）由于 A、D 可分别在 b_{12}、c_{12} 上任选，故实现连杆两位置的设计，可得无穷多组解。若本机构中 B_1C_1 和 B_2C_2 的位置是按直角坐标系给定的且要求机架上的 A、D 两点在 x 轴线上，则 b_{12}、c_{12} 直线与 x 轴线的交点即分别为 A

和 D 点。

（4）连 AB_1C_1D 即得所要求的四杆机构。

2. 给定连杆三个位置设计四杆机构

如图 3-5 所示，B_1C_1、B_2C_2、B_3C_3 为连杆所要到达的三个位置，要求设计该四杆机构。

根据已知条件，活动铰链 B、C 两点的相对位置已定，所以，设计此四杆机构的实质仍然是要求出两固定铰链点 A、D 的位置。由于连杆上的铰链中心 B 和 C 的轨迹分别为一圆弧，而同时通过要求的三点 B_1、B_2、B_3 和 C_1、C_2、C_3 的圆分别只有一个。所以，连架杆的固定铰链中心 A 和 D 只有一个确定的解，即 B_1B_2 和 B_2B_3 的垂直平分线 b_{12} 和 b_{23} 的交点为 A 以及 C_1C_2 和 C_2C_3 的垂直平分线 c_{12} 和 c_{23} 的交点为 D。连 AB_1C_1D。即为所求的四杆机构在第一个瞬时位置的机构运动简图。

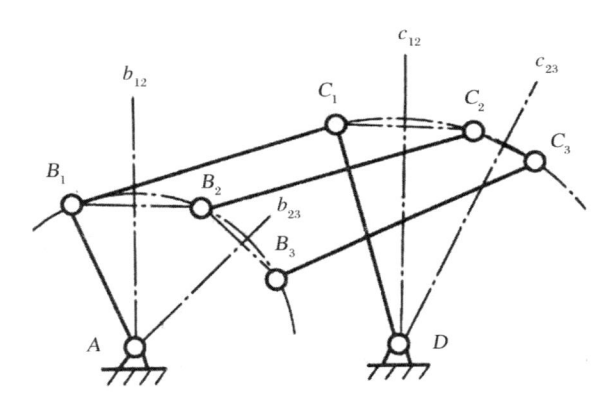

图 3-5 给定连杆三个位置设计四杆机构

六、平面机构的发展趋势与应用实践

（一）平面机构的研究方向与趋势

近年来，随着电子计算机技术的飞速发展，计算机辅助设计在机构学发展也产生了非常重要的影响，尤其是对平面机构的功能开发起到了关键性作用。通过计算机辅助设计把机构设计理论、方法和参数选取等设计者的智慧融入到计算机系统所具有的强大逻辑推理分析判断，数据处理，运算速度，二维、三维图形显示等功能中去，形成了一种全新的现代机构设计理念和手段。当今社会计算机图象显示技术早已实用化，对于平面机构的设计与应用更加便捷、可靠。今后以平面机构为代表的机械机构的研究趋势与方向主要集中在各方面。

（1）在机构结构理论方面，主要是机构的类型综合、杆数综合和机构自由度的计算。对平面机构来说，虽然机构结构的分析与综合研究得比较成熟，但仍有一些新的发展。例如将关联矩阵、图论、拓扑学、网络理论等引入对结构的研究；用拆副、拆杆，甚至拆运动链的方法将复杂杆组转化为简单杆组，以简化机构的运动分析和力分析；仿照机构组成原理对机构功能原理的研究；关于机构中虚约束的研究及无虚约束机制的综合；以及组合机构的类型综合等。近年来对空间机构结构分析与综合的研究也有不少的进展，特别是在机器人机构学方面取得了较多成就。

（2）在机构运动分析和力分析方面，主要是大力发展了计算机辅助分析方法的研究，并且已经研制了一些应用软件。对于高级别平面机构的运动分析及力分析问题，可以采用型转化法或选不同的构件为机架以降低机构级别的方法进行，也可以采用分解合成的分析方法。对空间机构的运动分析及力分析则多采用按杆组分析的方法。为了便于利用计算机进行分析，建立机构运动分析及力分析的逻辑体系，并期望将机构的结构分析、运动分析、动力分析构成一个整体的系统。

（3）在机器动力学方面，大力发展了机构弹性动力学的研究，包括低副机构和高副机构。在某些高速重载的高副机构中还考虑了热变形的问题，还开展了对机械中的摩擦、机械效率以及功率传递等问题的研究；发展了对运动副间隙引起的冲击、动载荷、振动、噪声及疲劳失效等问题的研究，对机构运动精度及误差的研究。对于平面机构平衡问题的研究，得出了一般 n 杆机构可以用 $n/2$ 个配重达到平衡的结论。

（4）对空间机构平衡问题的研究，也得到了不少的成果。重点对具有变质量构件和在运动过程中结构有变化的机构的平衡问题进行研究，机构在非稳定状态及瞬变过程中的时间、位移、速度和加速度等的动力响应的计算问题等。

（5）在机构学方面，对平面连杆机构的研究仍在继续深入，并转而注重于多杆多自由度平面连杆机构的研究，提出了这类机构的分析和综合的一些方法。研究了提高机构动力性能为目标的综合方法，多精确点的四杆机构的综合方法（如点位缩减法）等。由于计算机技术的普遍应用，连杆机构的优化设计得到了迅速发展，包括多目标优化，并且编制了一些表征机构主要尺度参数与其运动、动力性能之间关系的数表及图谱，编制了大量适用范围广、节省机时、使用方便的机构分析与综合的软件。

（6）在凸轮机构方面，高速凸轮的弹性动力学是一个受到普遍重视的研究课题，并且已研究得比较深入。推杆运动规律的选择和拟合，凸轮机构尺度参数的优化设计，凸轮机构工作过程中的振动、减振和稳定性的研究，也都受到重视，并已取得不少研究成果。

（7）在齿轮机构方面，首先是齿轮啮合原理的研究，再如新型齿廓的选用（如圆弧、抛物线等非渐开线齿廓），轮齿的修正和修形等课题的研究，也都取得不少的新成就。

（8）在轮系方面，一些新型齿轮机构（如内齿行星轮传动、活齿齿轮传动、行星摩擦传动、非圆齿轮周转轮系、锥齿轮谐波传动、摩擦式谐波传动等）的研制，周转轮系效率的研究，考虑摩擦时的功率流及考虑轮齿弹性变形时的功率流的计算问题的研究，周转轮系均载装其他一些新的数学工具和计算技术来研究轮系的类型综合及运动分析和力分析问题也得到大力开展，并取得一些成绩。除上述连杆、凸轮和齿轮三大常用的基本机构以外，组合机构的研究近年来也发展得十分迅速。对齿轮—连杆、凸轮—连杆等类型的组合机构的分析和综合，已有较详细的研究。

（9）在采用柔性的多杆件系统时，重点突破了创建简明的分析方法；机构结构几何和材料非线性问题机构间隙、碰撞、伸展及收缩的动力学及其控制；弹性体模态的分析与综合，动力学参数识别与测量；动力学逆问题，结构控制、系统控制及其稳定性问题研究；柔性、晃动、姿态、运动轨道多因素相互耦合的问题；柔性多体系统动力学大型通用程序研究，计算机模拟、仿真和专家系统等方面，在工业机器人领域得到了有效的应用。

（二）中国在平面机构领域的发展与应用

近年来，随着中国国力水平的不断提升，机械制造能力同步加强，已成为世界上制造能力最强的国家之一。作为制造能力基础的机构学理论研究、产品机构系统分析方面也取得了较快的发展。在机构型综合及其计算机自动生成方法、机构运动弹性动力学、机构多刚体系统动力学、机构平衡、机构运动分析、受力分析方法及通用程序、机器人机构学诸方面的理论分析已接近国际水平，特别是机构运动弹性动力学和多刚体系统动力学方面已达到世界先进水平。但是，中国工业化历程不到 70 年，在结合产品进行机构系统运动学与动力学分析、优化和计算机仿真方面，与国际先进水平有明显的差距。

仿生学与机械学相互交叉、渗透就构成了仿生机械学。仿生机械是通过研究和探讨生物机制，仿照生物外形、结构或者功能而设计改进的机械，是设计制造功能更集中、效率更高并具有生物特征的机械的学科。由于能制造出在结构、功能、材料、控制和能耗等诸方面相对更加合理的机械系统，仿生机械学越来越受到重视。在仿生抓取机械中起代表作用的是仿人形机械手，其复杂自由度不但能精确定位还能做出复杂精细的动作，它们可以分为工业机器人用机械手、科研智能机器人用机械手和医疗用机械手。除了以上几个领域的应用外，仿生机械手还可用于化学实验、生物合成等高精度的任务中去，还有一些如在安全领域，利用安装有灵巧手的机器人从事排爆、扫雷等排险、反恐作业等。

仿生机械中还有仿生飞行机械，应用最多的是微型飞行器方面，例如微型扑翼飞行器等。仿生游动机械中的主要代表是水下无人潜器，在海洋生物研究、地形勘测、海洋军事等方面的应用日益广泛，拥有广阔的应用价值和开发潜质。

第二节 凸轮机构及其设计

一、凸轮传动机构的结构特点

凸轮传动机构是一种常见的运动机构，是由凸轮、从动件和机架组成的高副机构。当从动件的位移、速度和加速度必须严格地按照预定规律变化，尤其当原动件作连续运动而从动件必须作间歇运动时，则以采用凸轮机构最为简便。

（一）凸轮的分类

1. 按外形可分为三类

（1）盘形凸轮

凸轮是一个绕固定轴转动并且具有变化向径的盘形构件，如当其绕固定轴转动时，可推动从动件在垂直于凸轮转轴的平面内运动。它是凸轮的最基本型式，结构简单，应用最广。

（2）移动凸轮

当盘形凸轮的转轴位于无穷远处时，就演化成了移动凸轮（或楔形凸轮）。凸轮呈板状，它相对于机架作直线移动。

（3）圆柱凸轮

凸轮是圆柱体，可以看成是将移动凸轮卷成一圆柱体。

盘形凸轮与移动凸轮，凸轮与从动件之间的相对运动均为平面运动，故又统称为平面凸轮机构。圆柱凸轮机构中凸轮与从动件之间的相对运动是空间运动，故属于空间凸轮机构。

2. 按从动件的形状分为四类

（1）顶尖式从动件

从动件的尖端能够与任意复杂的凸轮轮廓保持接触，从而使从动件实现任意的运动规律。此种从动件结构最简单，但尖端处易磨损，故只适用于速度较低和传力不大的场合。

（2）滚子式从动件

为减小摩擦磨损，在从动件端部安装一个滚轮，把从动件与凸轮之间的滑动摩擦变成滚动摩擦，因此摩擦磨损较小，可用来传递较大的动力，故这种形式的从动件应用很广。

（3）平底式从动件

从动件与凸轮轮廓之间为线接触，接触处易形成油膜，润滑状况好。在不计摩擦时，凸轮对从动件的作用力始终垂直于从动件的平底，受力平稳，传动效率高，常用于高速场合缺点是与之配合的凸轮轮廓必须全部为外凸形状。

（4）曲底式从动件

为了克服尖端从动件的缺点，可以把从动件的端部做成曲面，称为曲面从动件。这种结构形式的从动件在生产中应用较多。

3．按凸轮与从动件维持运动副接触的方式分为两类

（1）力封闭方式

是指利用重力、弹簧力或其他外力使从动件与凸轮轮廓始终保持接触。

（2）几何形封闭方式

是指利用高副元素本身的几何形状使从动件与凸轮轮廓始终保持接触。

（二）凸轮传动机构的结构特征

凸轮是一个具有曲线轮廓或凹槽的构件，一般为主动件，做等速回转运动或往复直线运动。

凸轮是机械的回转或滑动件（如轮或轮的突出部分），其把运动传递给紧靠其边缘移动的滚轮或在槽面上自由运动的针杆，或者它从这样的滚轮和针杆中承受力。凸轮随动机构可设计成在其运动范围内能满足几乎任何输入、输出关系。对某些用途来说，凸轮和连杆机构能起同样的作用，对于两者都可以用的工作说，凸轮比连杆机构易于设计，并且凸轮还能做许多连杆机构所不能做的事情，从另一方面来说，凸轮结构比连杆机易于制造。

从动件就是指与凸轮轮廓接触，并传递动力和实现预定的运动规律的构件，一般做往复直线运动或摆动的构件。凸轮传动机构在应用中的基本特点在于能使从动件获得较复杂的运动规律。从动件的运动规律取决于凸轮轮廓曲线，因此在应用时，凸轮的轮廓曲线必须依据从动件的运动规律设计。

（三）凸轮传动机构的工作原理

凸轮机构是由凸轮的回转运动或往复运动推动从动件作规定往复移动或摆动的机构。凸轮具有曲线轮廓或凹槽，有盘形凸轮、圆柱凸轮和移动凸轮等，其中圆柱凸轮的凹槽曲线是空间曲线，因而属于空间凸轮。

从动件与凸轮作点接触或线接触，有滚子从动件、平底从动件和尖端从动件等。尖端从动件能与任意复杂的凸轮轮廓保持接触，可实现任意运动，但尖端容易磨损，适用于传力较小的低速机构中。为了使从动件与凸轮始终保持接触，可采用弹簧或施加重力。具有凹槽的凸轮可使从动件传递确定的运动，为确动凸轮的一种。

一般情况下凸轮是主动的，但也有从动或固定的凸轮。多数凸轮是单自由度的，但也有双自由度的劈锥凸轮。凸轮机构结构紧凑，最适用于要求从动件作间歇运动的场合，它与液压和气动的类似机构比较，运动可靠。因此在自动机床、内燃机、印刷机和纺织机中得到广泛应用。但凸轮机构易磨损，有噪声，高速凸轮的设计比较复杂，制造要求较高。

（四）凸轮传动机构的特点

凸轮传动机构应用广泛，因其结构简单、紧凑、设计方便，因此在机床、纺织机械、轻工机械、印刷机械、机电一体化装配中大量应用。只要做出适当的凸轮轮廓，就能使从动杆得到任意预定的运动规律。但是凸轮传动机构也有一定的不足，主要是三个方面。

1. 凸轮为高副接触（点或线）压力较大，点、线接触易磨损，只宜用于传力不大的场合。

2. 凸轮轮廓加工困难，凸轮轮廓精度要求较高，需用数控机床进行加工，费用较高。

3. 行程不大，从动件的行程不能过大，否则会使凸轮变得笨重。

（五）凸轮传动机构的减磨措施

凸轮容易磨损，主要原因之一是接触应力较大。凸轮与滚子的接触应力可以看作是半径分别等于凸轮接触处的曲率半径和滚子半径的两圆柱面接触时的压应力，可用赫兹公式进行计算，应使计算应力小于许用应力。促使凸轮磨损的因素还有载荷特性、几何参数、材料、表面粗糙度、腐蚀、滑动、润滑和加工情况等。其中润滑情况和材料选择对磨损寿命影响尤其大。为了减小磨损、提高使用寿命，除限制接触应力外还要采取表面化学热处理和低载跑合等措施，以提高材料的表面硬度。

二、凸轮传动机构的参数确定

在各类机器中，为了实现各种复杂的运动要求，广泛应用着凸轮传动机构，合理设计、选择适合的凸轮传动机构，不仅要保证从动件能实现预期的运动规律，还要求整个凸轮传动机构具有良好的传力性能、结构紧凑等，为满足技术要求，就必须合理设计、选用各项参数正确的凸轮传递机构，凸轮传动机构的基本参数是压力角、基圆半径、滚子半径等。

(一) 凸轮传动机构的运动规律

凸轮轮廓曲线决定于位移曲线的形状。在某些机械中，位移曲线由工艺过程决定，但一般情况下只有行程和对应的凸轮转角根据工作需要决定，而曲线的形状则由设计者选定，可以有多种运动规律。传统的凸轮运动规律有等速、等加速、等减速、余弦加速度和正弦加速度等。等速运动规律因有速度突变，会产生强烈的刚性冲击，只适用于低速。等加速、等减速和余弦加速度也有加速度突变，会引起柔性冲击，只适用于中、低速。正弦加速度运动规律的加速度曲线是连续的，没有任何冲击，可用于高速。

为使凸轮机构运动的加速度及其速度变化率都不太大，同时考虑动量、振动、凸轮尺寸、弹簧尺寸和工艺要求等问题，还可设计出其他各种运动规律。应用较多的有用几段曲线组合而成的运动规律，诸如变形正弦加速度、变形梯形加速度和变形等速的运动规律等，利用电子计算机也可以随意组合成各种运动规律。还可以采用多项式表示的运动规律，以获得一连续的加速度曲线。为了获得最满意的加速度曲线，还可以任意用数值形式给出一条加速度曲线，然后用有限差分法求出位移曲线，最后设计出凸轮廓线。一些自动机通常用几个凸轮配合工作，为了使各个凸轮所控制的各部分动作配合协调，还必须在凸轮设计以前先编制一个正确的运动循环图。

降低表面粗糙度，凸轮的工作条件是空气干燥、润滑油洁净，或采用加有各种添加剂的润滑油。润滑油的黏度和供油方式的选择要考虑从动件的形状和凸轮的转速等。凸轮和从动件的材料匹配应适当，如硬钢和铸铁价廉，适用于高速滑动。硬钢和磷青铜的振动和噪声小，还能补偿轮廓的不精确。铸铁和铸铁配对使用效果尚可。但硬镍钢和硬镍钢、软钢和软钢等的组合则效果不佳。对于几何参数、润滑、材料和表面粗糙度等，也可采用弹性流体动压润滑理论进行综合计算，以减少磨损。

(二) 凸轮传动机构的基本参数

1. 基圆

以凸轮理论轮廓的最小向径所作的圆。

2. 推程

当凸轮以角速度转动时，从动件被推到距凸轮转动中心最远的位置的过程称为推程。从动件上升的最大距离称为从动件的升程，相应的凸轮转角称为推程运动角。

3. 回程

从动件由最远位置回到起始位置的过程称为回程，对应的凸轮转角称为回程运动角。

4. 休止

从动件处于静止不动的阶段，从动件在最远处静止不动，对应的凸轮转角称为远休止角；从动件在最近处静止不动，对应的凸轮转角称为近休止角。

（三）凸轮传动机构的基本参数确定

目前凸轮传动机构基本参数的确定，通常采用几何法和解析法设计凸轮轮廓曲线，将从凸轮机构的传动效率、运动是否失真、结构是否紧凑等方面，确定其基圆半径 r_0、直动从动件的偏距 e 或摆动从动件与凸轮的中心距 a、滚子半径 r 等基本参数，一般都是预先给定。

1. 凸轮机构的压力角和自锁

凸轮传动机构的压力角，是指凸轮轮廓线在接触点的法线方向与推杆上相应接触点（同一点）的速度方向（推杆运动方向）之间所夹的锐角。对于滚子和尖顶从动件盘形凸轮机构基圆半径越大，压力角就越小。压力角除与基圆半径有关之外，还与偏距、从动件运动规律有关。

压力角越大，有害分力越大，由有害分力引起的导路中的摩擦阻力也越大，故凸轮推动从动件所需的驱动力也就越大。当压力角增大到某一数值时，因有害分力而引起的摩擦阻力将会超过有用分力时，这时无论凸轮给从动件的驱动力多大，都不能推动从动件，这种现象称为机构出现自锁。

凸轮传动机构开始出现自锁的压力角，称之为极限压力角，其数值与支承间的跨距、悬臂长度、接触面间的摩擦系数和润滑条件等有关。当压力角增大到接近极限压力角时，即使尚未发生自锁，也会导致驱动力急剧增大，轮廓严重磨损、效率迅速降低。因此，在生产实践中规定了压力角的许用值。对摆动从动件，通常取 $40°\sim50°$，对直动从动件通常取 $30°\sim40°$。当滚子接触、润滑良好和支承有较好刚性时取数据的上限，否则取下限。

对于移动平底从动件盘形凸轮机构压力角，推程时，最大压力角不能超过 $30°$，目的是提高机械效率，防止自锁，改善受力。回程时，一般不能超过 $80°$，要求高的不能超过 $70°$，目的是避免产生过大的加速度与刚性冲击力。对于力锁合式凸轮机构，其从动件的回程是由弹簧等外力驱动的，而不是由凸轮驱动的，所以不会出现自锁。因此，力锁合式凸轮机构的回程压力角可以很大，其许用值可取 $70°\sim80°$ 之间。

通常推程时，直动从动件取 $0°$，摆动从动件取 $45°$。依靠外力使从动件与凸轮维持接触的凸轮机构，回程不会出现自锁，只需校核推程压力角。

2. 凸轮基圆半径的确定

在偏距一定，从动件的运动规律已知的条件下，加大基圆半径，可减小压力角，从而改善机构的传力特性，但此时机构的尺寸将会增大。故在确定基圆半径时，应在满足 $\alpha_{max} < [\alpha]$ 的条件下，尽量使基圆半径小些，以使凸轮机构的尺寸不至过大。在生产实践中，还应充分考虑到凸轮机构的结构、受力、安装、强度等方面的要求。

圆柱凸轮机构中圆柱凸轮的平均圆柱半径也可以根据许用压力角加以确定。对于平底直动从动件盘形凸轮机构，凸轮轮廓曲线与平底接触处的公法线永远垂直于平底，压力角恒等于零。显然，这种凸轮机构不能按照压力角确定其基本参数。但是，平底从动件有一个特点，它只能与外凸的轮廓曲线相作用，而不允许轮廓曲线有内凹，这样才能保证凸轮轮廓曲线上的所有点都能与从动件平底接触。由实例发现，基圆半径过小时，用作图法绘制平底从动件盘形凸轮机构的凸轮，不仅会出现轮廓曲线内凹，而且同时会出现包络线相交。在实际加工时，这种现象将造成过度切割，使包络线交点左侧的轮廓曲线全部被切掉，从而导致从动件运动失真。因此，欲避免运动失真，就必须保证轮廓曲线全部外凸。

3. 滚子半径的选择

理论轮廓曲线求出之后，如滚子半径选择不当，其实际轮廓曲线也会出现过度切割而导致运动失真。

三、凸轮结构设计

（一）凸轮轮廓的设计方法与步骤

目前凸轮轮廓的设计方法可分为作图法和解析法两种。

1. 凸轮轮廓曲线设计方法的基本原理

无论是采用作图法还是解析法设计凸轮轮廓曲线，所依据的基本原理都是反转法原理。即在凸轮机构中，如果对整个凸轮机构绕凸轮轴心 O 加上一个与凸轮转动角速度 ω_1 大小相等、方向相反的公共角速度 ω_1。这时凸轮与从动件之间的相对运动关系并不改变。但此时凸轮将固定不动，而移动从动件将一方面随导路一起以等角速度 $-\omega_1$ 绕 O 点转动，同时又按已知的运动规律在导路中作往复移动。摆动从动件将一方面随其摆动中心一起以等角速度 $-\omega_1$ 绕 O 点转动，同时又按已知的运动规律绕其摆动中心摆动。由于从动件尖端应始终与凸轮廓线相接触，故反转后从动件尖端相对于凸轮的运动轨迹，就是凸轮的轮廓曲线。根据这一原理求作出从动件尖顶在从动件作这种复合运动中所占据的一系列位置点，并将它们连接成光滑曲线，即得所求的凸轮轮廓曲线。此设计方法称为反转法。

2. 用作图法设计凸轮的轮廓曲线

（1）直动尖顶从动件盘形凸轮机构的作图法设计步骤

①首先选取尺寸比例尺，根据已知条件做出基圆和偏距圆以及从动件的初始位置。

②利用作图法画出从动件的位移线图，并沿横轴按选定的分度值等分位移线图。

③沿 ω_1 方向按选定的分度值等分基圆，过等分点作偏距圆的切线。这些切线即为从动件在反转运动中占据的各个位置。此步务必要注意过等分点作的偏距圆的切线与基圆相切的方式和从动件初始位置线与基圆相切的方式完全相同。

④将位移线图上各分点的位移值直接在偏距圆切线上由基圆开始向外量取，此即为从动件尖顶在复合运动中依次占据的位置。

⑤将从动件尖顶的各位置点连成一条光滑曲线，即为凸轮廓线。

对于对心直动尖顶从动件盘形凸轮机构，可以认为是 $e=0$ 时的偏置凸轮机构，其设计方法与上述方法基本相同，只需将过基圆上各分点作偏距圆的切线改为过基圆上各分点作过凸轮回转中心的径向线即可。

（2）直动滚子从动件盘形凸轮机构的作图法设计步骤

对于直动滚子从动件盘形凸轮机构，可将滚子中心视为尖顶从动件的尖顶，按前述方法定出滚子中心在从动件复合运动中的轨迹，该轨迹线称为凸轮的理论轮廓；然后以理论轮廓上的一系列点为圆心作滚子圆，再作此圆族的包络线，即得凸轮的实际轮廓。注意，此时凸轮的基圆半径系指理论轮廓的最小半径。

（3）直动平底从动件盘形凸轮机构的作图法设计步骤

对于此类凸轮机构，可将从动件导路的中心线与从动件平底的交点视为尖顶从动件的尖顶，按前述作图步骤确定出理论轮廓，然后再过理论轮廓上的点作一系列代表从动件平底的直线，这些直线的包络线即为凸轮的工作轮廓线。

（4）摆动尖顶从动件盘形凸轮机构的作图法设计步骤

这种凸轮机构从动件的运动规律要用角位移来表达。即需将相应直动从动件的位移方程中位移 s 改为角位移，行程 h 改为角行程 Φ。其从动件在反转运动中占据的各位置应使从动件轴心点 A 和其尖顶点 B 分别位于 A 的反转圆上与基圆上对应的反转位置点处。作图时，先以凸轮轴心 O 为圆心，以 OA 为半径作圆，然后在此圆上从起始位置开始沿 $-\omega_1$ 方向等分，所得的各点即为轴心 A 在反转运动中依次占据的位置。再以这些点为圆心，以摆动从动件的长度 AB 为半径作圆弧，与基圆的交点即为摆动从动件在反转运动中依次占据的各最低位置点。从动件的角位移则是以从动件轴心各反转位置点为圆心顶点，以从动件相应反转位置为起始边向外转量取。

3. 用解析法设计凸轮的轮廓曲线

用解析法设计凸轮廓线的关键是根据反转法原理建立凸轮理论轮廓和实际轮廓的方程式。解析法的特点是从凸轮机构的一般情况入手来建立其廓线方程的。如：对心直动从动件可看作是偏置直动从动件偏距 $e=0$ 的情况；尖顶从动件可看作是滚子从动件其滚子半径为零的情况。对于偏置直动滚子盘形凸轮机构，建立凸轮廓线直角坐标方程的一般步骤：

①画出基圆及从动件起始位置，即可标出滚子从动件滚子中心 B 的起始位置点 B。

②根据反转法原理，求出从动件反转 δ_1 角时其滚子中心 B 点的坐标方程式，即为凸轮理论轮廓方程式。

③作理论轮廓在 B 点处的法线 $n-n$，标出凸轮实际轮廓上与 B 对应的点 T 的位置。

④求出凸轮实际轮廓上 T 点的坐标方程式，即为凸轮实际轮廓方程式。

其他类型的凸轮机构的解析法设计过程与上述的过程类似，其关键是根据几何关系建立凸轮理论轮廓和实际轮廓的方程。

（二）凸轮传动机构的高速设计

根据凸轮传动机构的运动规律，需将从动系统当作是一个弹性系统来设计。系统输出端部分的运动和同凸轮接触端部分的运动存在着一定的差异，即所谓位移响应。因此，应首先合理地选定输出端部分的运动，从而求得凸轮接触端部分的运动，然后再由凸轮接触端部分的运动求凸轮廓线。

凸轮传动机构的承载能力也可应用弹性流体动压润滑理论的计算方法，高速凸轮从动件因惯性力较大，在超过弹簧力和其他外加力时可能瞬时脱开凸轮廓线，产生跳动而引起振动。对于具有凹槽的确动凸轮，从一侧转向另一侧接触往往会引起冲击振动。此种现象可以通过合理选择运动规律、正确设计弹簧和提高系统的刚性等办法来解决。高速凸轮还应有很高的轮廓制造精度和较低的表面粗糙度，并适当选择润滑油和润滑方法。

四、凸轮传动机构的应用与实践

凸轮传动机构广泛地应用于轻工、纺织、食品、交通运输、机械传动等领域，如发动机中的配气系统（进、气阀门的控制）、车辆走行部的制动控制元件、纺织机械中大量使用凸轮机构，总之，在一个往复运动系统中，凸轮是最好的应用，在很多要求较高往复运动中，替代曲柄滑块机构，因为可以实现设计中需要的速度变化。

(一) 凸轮式自动车床

凸轮式自动车床是一种通过凸轮来控制加工程序的自动加工机床，在机械加工自动化机床中使用较为广泛，特点是加工速度快，加工精度较高，自动进料，料完自动停机，一人可操作多台机床。

凸轮式自动车床是一种高性能，高精度，低噪音的自动车床。特别适合铜、铝、铁、塑料等精密零件加工制造，适用于仪表、钟表、汽车、摩托、自行车、眼镜、文具、五金卫浴、电子零件、接插件、电脑、手机、机电、军工等行业成批加工小零件，特别是较为复杂的零件。

1. 凸轮式自动车床的分类

凸轮式自动车床分为简易自动车床和精密自动车床。

(1) 简易凸轮式自动车床：简易的有一根主轴，两组刀架，通过简易的一到两组凸轮来传动，可以前送料，也可后送料，加工程序简单，加工精度相对比较低，是一种替代仪表车床的简易自动车床。

(2) 精密自动车床有五组刀架，两个尾轴，一般通过多组凸轮来传动，采用后送料机构，可加工比较复杂的小零件，加工速度快，加工精度较高。精密自动车床可分为走心式和走刀式两大类。

走心式自动车床的加工过程，是通过筒夹夹住加工材料，材料向前走动，而刀具不动，通过刀具的直线运动或摇摆运动来加工零件。此类自动车床加工细长零件尤为突出，最小加工直径可小于1mm，最长可加工到50mm。

走刀式自动车床的加工过程，是用筒夹夹住材料，通过车刀前后左右移动来加工零件，与普通车床的加工方式相同。此类机床的加工范围比较大，可车加工比较复杂的零件，特别是铜件的加工，不但速度快，而且加工复杂的工件尤为突出。

2. 凸轮式自动车床的结构特征

凸轮式自动车床送料自动化及切削刀具自动行走，均使用凸轮来控制。

(1) 凸轮式动车床装有5把刀、刀架按顺序为1号、2号、3号、4号、5号刀每组刀具架可装1~2把刀，1号与5号是车削外径，2、3、4主要是切槽、倒角、切断等工序。2根尾轴、2支钻头和1支丝锥、1只板牙同时进行切削加工，并可同时进行攻牙、铣牙、板牙、压花等加工。无需手工操作，复杂零件可同步进行车外圆、球面、圆锥面、圆弧面、台阶、割槽、压花、钻孔、攻丝、板牙、切割等工序，全过程经一次加工即可完成。

(2) 尺寸控制精度高：机床主轴精度可达 0.003mm、滑块微调由千分尺控制，尺寸控制精度可达 0.005mm、主轴转速 2000~8000rpm 之内。切削进刀量最小可控制到 0.005 零件的粗糙度（铜件）最小可达 Ra 0.04～0.08。

（3）自动送料：送料机构自动向主轴送料，料完自动停车报警，加工过程无需人工看料，达到了全面自动化的生产制造过程。操作者一人可同时操作多台机

（4）生产效率高：本机床通过凸轮控制加工过程，凸轮每转一个回转即完成一个加工过程。凸轮转速 1.0～36 转/min，可根据不同的加工零件进行调整，每分钟可加工 30 个零件左右，由于 5 把刀能同时进行切削加工，加工效率非常高，是一般 CNC 电脑车床和仪表车床无法比拟的。

（5）送料自动化及切削刀具自动行走均使用凸轮来控制。凸轮式自动车床使用两种凸轮其一为圆筒状形态，将其端面加工成种种形态后，使凸轮回转，通过传动连杆和摇臂连接，将凸轮的回转运动变为刀架的直线运动。此凸轮称为碗形凸轮，主要用于切削加工件的轴向切削方向。另一种是圆板状形态，将其外周加工成所需的形状，然后通过与刀架连接的传动杆，将凸轮的回转运动变成刀具的直线运动；此凸轮主要用于加工件的径向切削方向。将这两种凸轮的左右、前后运动合成，就能使刀具形成倾斜或曲线的方向行走。

3. 凸轮自动车床的更新与发展

由于凸轮式自动车床的结构比较紧凑，主轴至尾座间的距离比较小，只能加工长度为 70mm 左右的零件。为了让加工的功能进一步完善，自动车床制造商也在不断地进行设计上的更新。如秉钜公司就对自动车床进行了多处改进，将尾座设计成可后移式尾座，在需要进行较长零件加工时，可将尾座后移，目前走刀式自动车床就能够加工长度在 120mm 的零件，有的还根据加工需要，对车床尾座进行特殊改制，在同一台自动车床上，更换一个特殊的尾座，最长的加工零件长度可放长到 200mm。这提高了走刀式自动车床的加工范围。部分自动车床增加防护罩，实现了全封闭透明设计，无油渍飞溅消耗，噪音大为降低更加环保。

凸轮式自动车床虽然有加工精度稳定、加工速度快独特的性能，但在数控车床不断地替代普通车床的发展趋势中，必然有它的局限性，即调试不方便，需要专业的操作人员。

凸轮车床的局限性，也就是它需要改进和发展的地方，如果能把数控技术与凸轮技术合二为一的话，自动车床的发展空间更为强大，这也是自动车床制造商需要不断地思考和创新之处。

（二）凸轮转子泵

凸轮转子泵是当今国际上先进的流体设备之一，其转子是全橡胶包覆，耐磨损性强，转子与壳体之间高精间隙配合，具有很强的自吸力和高扬程力，该

泵可靠、坚固、节能，可以输送各种黏稠的或含有颗粒物的介质。效率高，节能，省时，不需要引流、灌泵，可适用于各种复杂的流体介质。干式安装、在线维修和低成本维护，运行平稳、自吸、耐磨损且不易堵塞。

1. 凸轮转子泵的工作原理

凸轮转子泵依靠两同步反转动的转子在旋转过程中于进口处产生吸力（真空度），从而吸入所要输送的物料。两转子将转子室分隔几个小空间，并按A、B、C、D的次序运转；运转至位置A时，只有Ⅰ室中充满介质；到位置B时，B室中封闭了部分介质领导位置C时，A室中也封闭部分介质；到位置D时，A、B室与Ⅱ室相通，介质即被输送至出料口。

2. 凸轮转子泵的结构特点

泵转子：采用纳米复合耐磨橡胶转子，耐干运转，空转时间60min以上，泵体坚固耐用、寿命长；抗气阻技术：自吸高度可达到9m，水平自吸可达100m以上，无需引流罐泵。气液自适应集成箱有效消除抽气（100m自吸）过程中的气阻、汽蚀现象，使泵装置同时具备泵、压缩机的输气和输液功能。

气液两相密封技术：采用专用机械密封，密封面结构独特，润滑充分，无气阻，冷却介质对流充分，可有效防止密封面干磨、高温、开裂、失效，确保泵机组正常运转。无堵塞，通过性强：普通塑料袋、编织袋、砂石、泥浆、毛发等杂物都不会影响泵的使用。

集成一体化控制系统：采用先进的嵌入式系统研制智能控制系统，实现智能化监控。

3. 凸轮转子泵的应用领域

（1）石油行业应用

原油、稠油、重油、燃油、聚合物、悬浮物、乳胶及汽水固混合物等开采、储存、运输。艾迪输送泵耐磨损性强，抗气蚀、流量至1200m^3/h，可输送高黏度介质。

（2）市政行业应用

计量石灰浆、活性炭、絮凝剂、输送初污泥、浓缩污泥、消化污泥、沉淀污泥、浮渣及脱水泥饼等。

（3）消防领域应用

强自吸、高扬程适用于江河湖泊的远距离水源消防取水。

（4）造纸行业应用

纸浆、悬浮液、印染浆料、涂料、纤维、油墨、黏胶液等。

（5）食品行业应用

果酱、乳品、纤维糖浆、糖浆及食品原料、原液等。真空抽吸、反冲洗、酸洗及排泥沙。

(6) 船舶运输

船舶污水、舱底污泥、海上溢油、输送原油、润滑油、化工原料等。

(三) 凸轮分割器

凸轮分度器，在工程上又称凸轮分割器、间歇分割器。是一种高精度的回转装置，在当前自动化的要求下，凸轮分度器显得尤为重要。

1. 凸轮分割器的工作原理

凸轮分割器安装在入力轴中的转位凸轮与出力转塔连接，以径向嵌入在出力转塔圆周表面的凸轮滚子，与凸轮的锥度支撑肋在它们相应的斜面做线性接触。当入力轴旋动时，凸轮滚子按照给定的位移曲线旋转出力转塔，而同时又沿肋的斜面滚动。在肋与凸轮的端面平衡的区域里，即在静态范围内，滚子接通其轴，但出力转塔本身并不旋转。锥度支撑肋通常与两个或三个凸轮滚子接触，以便入力轴的旋转可均匀地传送到出力轴。如果在锥度支撑肋的凸轮表面和凸轮滚子之间有不顺滑情况，则会损害分割器。通过调整轴之间的距离可消除旋转不顺畅的现象。可通过调整预负荷来接近凸轮滚子和凸轮的弹性区，从而加强分割器的刚性。其结构和功能是转位凸轮和凸轮滚子相结合的最佳性能，能进行高速操作。

2. 凸轮分割器的结构与功能

凸轮分割器包括一根由电机驱动的输入轴、凸轮副、输出轴或法兰盘，用于安装工件及定位夹具等负载的转盘就安装在输出轴上。凸轮分割器在结构上属于一种空间凸轮转位机构，在各类自动机械中主要实现了三个功能，即：一是圆周方向上的间歇输送，二是直线方向上的间歇输送，三是摆动驱动机械手。

凸轮分割器的传动方式有两种一是直接传动；二是间接传动，间接传动应尽量避免出现反向冲击。

凸轮分割器输出端相连接的结构有三种一是与轴通过法兰或套对接，二是轴孔配合通过键连接，三是法兰之间的连接。由于输出的间歇性，由静止到运动，由运动到静止，惯性力大。再加上连接件的配合间隙，往往很容易在输出端与连接件之间产生松动。造成输出传动件的前冲或滞后，产生振动。这样不仅降低了输出精度，而且会严重地破坏分割器及其内部的凸轮及滚针轴承。

3. 凸轮分割器的特点

(1) 结构简单

主要由立体凸轮和分割盘两部分组成。

（2）动作准确

无论在分割区，还是静止区，都有准确的定位。完全不需要其他锁紧元件。可实现任意确定的动静比和分割数。

（3）传动平稳

立体凸轮曲线的运动特性好，传动是光滑连续的，振动小，噪声低。

（4）输出分割精度高

分割器的输出精度一般≤±50″。高者可达≤±30″。

（5）高速性能好

分割器立体凸轮和分割轮属无间隙啮合传动，冲击振动小，可实现高速，达 900rpm

（6）使用寿命长

分割器标准使用寿命为 12000h。

4. 凸轮分割器的应用

凸轮分割器是实现间歇运动的机构，具有分度精度高、运转平稳、传递扭矩大、定位时自锁、结构紧凑、体积小、噪音低、高速性能好、寿命长等显著特点，是替代槽轮机构、棘轮机构、不完全齿轮机构、气动控制机构等传统机构的理想产品。

凸轮分割器广泛应用于制药机械、压力机自动送料机构、食品包装机械、玻璃机械、陶瓷机械、烟草机械、灌装机械、印刷机械、电子机械、加工中心自动换刀装置等需要把连续运转转化为步进动作的各种自动化机械上。

5. 凸轮分割器的调整

影响分割器分割精度、寿命的一个较大的因素在于调整。分割器出厂产品是把精密加工件，经过精心组装、调整而得到的。不适当的调整，会影响分割精度，出现冲击、噪声，损坏分割器达不到预期的转速和承受能力，从而缩短凸轮分割器的使用寿命。

（1）轴间距离的调整

如果分割器通过长时间的使用、磨损，在定位工作区出现了间隙，那么要通过轴间距离的调整消除此间隙。也可通过同步调整输入轴两端的偏心套进行。

（2）输入、输出轴向位置的调整

通过调节凸轮两侧的锁紧螺母或输入轴两侧轴承压盖来调整凸轮分割器的轴向位置。可能通过调节输出轴两端的轴承压盖或后端的锁紧螺母调整分割轮的轴向位置。

第三节 链传动及其设计

一、链传动的特点及应用

链传动是属于带有中间挠性件的啮合传动。与属于摩擦传动的带传动相比，链传动无弹性滑动和打滑现象，因而能保持准确的平均传动比，传动效率较高；又因链条不需要像带那样张得很紧，所以作用于轴上的径向压力较小；在同样的使用条件下，链传动结构较为紧凑；同时链传动能在高温及速度较低的情况下工作。与齿轮传动相比，链传动的制造与安装精度要求较低，成本低廉；在远距离传动（中心距最大可达十多米）时，其结构比齿轮传动简便得多。链传动的主要缺点是：在两根平行轴间只能用于同向回转的传动；运转时不能保持恒定的瞬时传动比，磨损后易发生跳齿；工作时有噪声，不宜在载荷变化很大和急速反向的传动中应用。

按用途不同，链可分为传动链、输送链和起重链。传动链又可分为滚子链、套筒链和齿形链等。在一般机械传动中，常用的传动链是滚子链，因此，这里主要介绍滚子链传动。

链传动主要用在要求工作可靠，且两轴相距较远，以及其他不宜采用齿轮传动的场合。目前，链传动广泛用于农业机械、采矿机械、起重机械、石油机械等领域。

通常，链传动的传动比 $i<8$；中心距 $a<5\sim 6m$；传递功率 $P<100kW$；圆周速率 $v<15m/s$；传递效率为 $\eta=0.95\sim 0.98$。

二、滚子链链条与链轮

（一）滚子链链条

滚子链的结构如图3-6所示，由内链板、外链板、销轴、套筒、滚子等组成。销轴与外链板、套筒与内链板分别用过盈配合连接，套筒与销轴之间、滚子与套筒之间为间隙配合。套筒链除没有滚子外，其他结构与滚子链相同。当链节屈伸时，套筒可在销轴上自由转动。

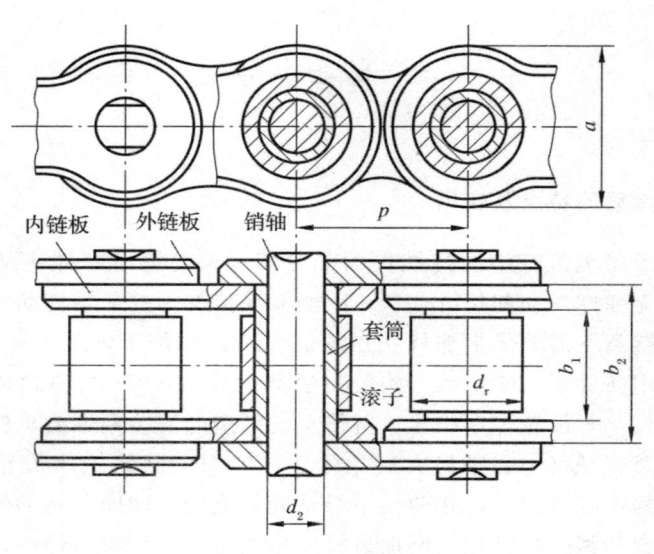

图3—6 滚子链的结构

套筒链结构比较简单、重量较轻、价格较便宜，常在低速传动中应用。滚子链较套筒链贵，但使用寿命长，且有减低噪声的作用，故应用很广。

节距 p 是链的基本特征参数。滚子链的节距是指链在拉直的情况下，相邻滚子外圆中心之间的距离。

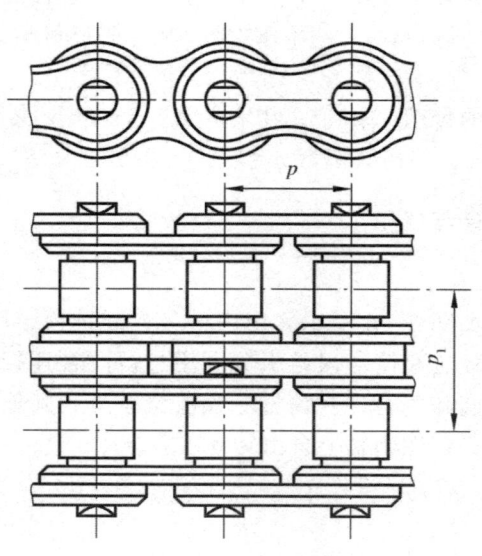

图3—6 双排链

把一根以上的单列链并列，并用长销轴联结起来的链称为多排链，图3－7所示为双排链。排数愈多，愈难使各排受力均匀，故多排链一般不超过3或4排。当载荷大而要求排数多时，可采用两根或两根以上的双排链或三排链。

滚子链已标准化，有A、B两种系列。

链的接头形式如图3－7所示。当一根链的链节数为偶数时采用连接链节，其形状与链节相同，仅连接链板与销轴，为间隙配合，再用弹簧卡片或钢丝锁销等止锁件将销轴与连接链板固定；当链节数为奇数时，则必须加一个过渡链节。由于过渡链节的链板受到附加弯矩，故最好不用奇数节链节；但在重载、冲击、反向等繁重条件下工作时，采用全部由过渡链节构成的链，柔性较好，能缓和冲击和振动。

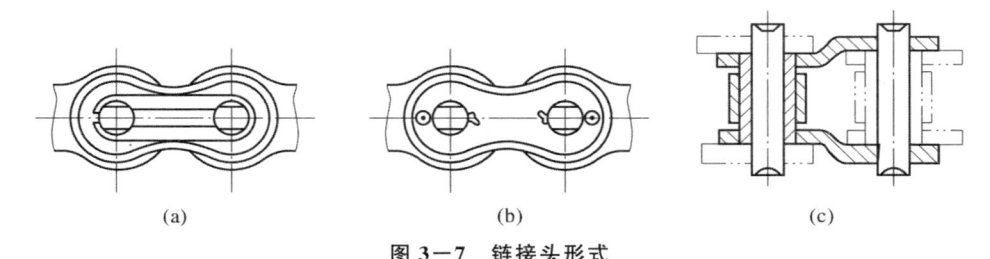

图3－7 链接头形式

（a）弹簧卡片；（b）钢丝锁销；（c）过渡链节

（二）滚子链链轮

链轮轮齿的齿形应保证链节能自由地进入和退出啮合，在啮合时应保证良好的接触，同时它的形状应尽可能地简单。

1. 滚子链链轮的几何尺寸

国家标准只规定了链轮的最大齿槽形状和最小齿槽形状。实际的齿槽形状在最大、最小范围内都可用，因而链轮齿廓曲线的几何形状可以有很大的灵活性。常用的齿廓形状为三圆弧一直线齿形。因链轮齿形是用标准刀具加工的，故在链轮工作图中不必画出，只需在图上注明"齿形按3R GB/T 1243—2024规定制造"即可。

2. 链和链轮的材料

链轮的材料应能保证轮齿具有足够的耐磨性和强度。由于小链轮轮齿的啮合次数比大链轮轮齿的啮合次数多，所受冲击也较严重，故小链轮的材料应优于大链轮。常用的材料有碳素钢（如Q235、45）、灰铸铁（如HT200）等。

三、链链传动的布置、张紧和润滑

（一）链传动的布置、张紧

1. 链传动的布置

链传动的布置按两轮中心连线的位置可分为：水平布置、倾斜布置和垂直布置3种，如图3-8所示。链传动一般应布置在铅垂平面内，尽可能避免布置在水平面或倾斜平面内；如确有需要，则应考虑增加托板或张紧轮等装置，并且设计较紧凑的中心距。

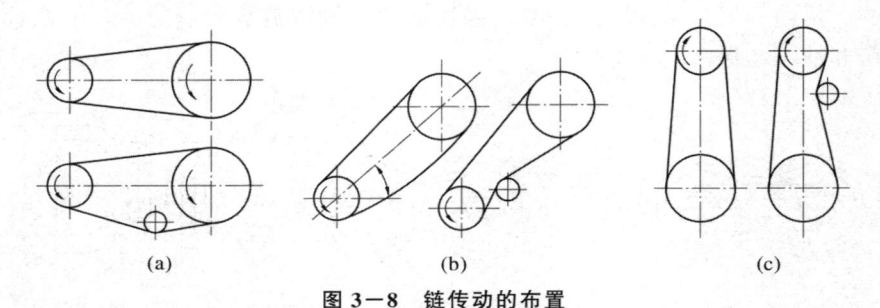

图 3-8 链传动的布置

（a）水平布置；（b）倾斜布置；（c）垂直布置

链传动的布置应是链条紧边在上、松边在下，以免松边垂度过大使链与轮齿相干涉或紧、松边相碰；倾斜布置时，两轮中心线与水平面夹角 φ 应尽量小于45°；应尽量避免垂直布置，以防止下链轮啮合不良。

2. 张紧方法

链传动中如果松边垂度过大，将引起啮合不良和链条振动现象，所以链传动张紧的目的和带传动不同，张紧力并不决定链的工作能力，而只是决定垂度的大小。张紧装置如图3-9所示。

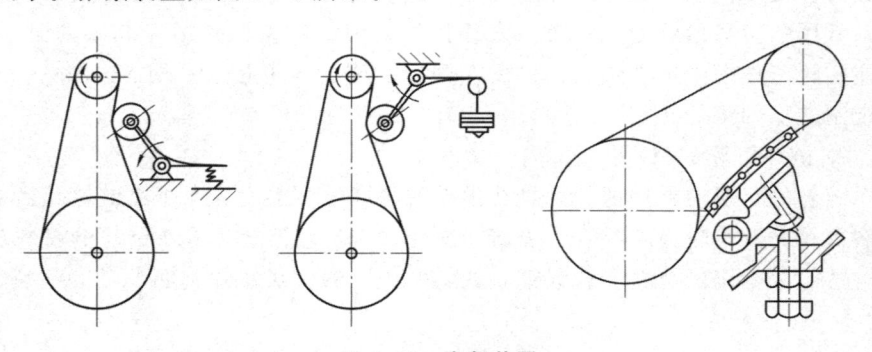

图 3-9 张紧装置

链传动工作时，合适的松边垂度一般为：$f = (0.01 \sim 0.02)a$，a 为传动中心距。若垂度过大,将引起啮合不良或振动现象,所以必须张紧。最常见的张紧方法是调整中心距法。当中心距不可调整时,可采用拆去1～2个链节的方法进行张紧或设置张紧轮。张紧轮常位于松边,它可以是链轮也可以是滚轮,其直径与小链轮相近。

(二) 链传动的润滑

润滑条件良好与否对传动工作能力和寿命有很大影响。在铰链中添加润滑油有利于缓和冲击、减小摩擦、降低磨损和帮助散热。良好的润滑是链传动正常工作的重要条件。

链传动的润滑方式如图3－10所示。润滑油应加于松边,因为松边面间比压较小,便于润滑油的渗入。润滑油推荐用L－AN32、L－AN46和L－AN68全损耗系统用油。

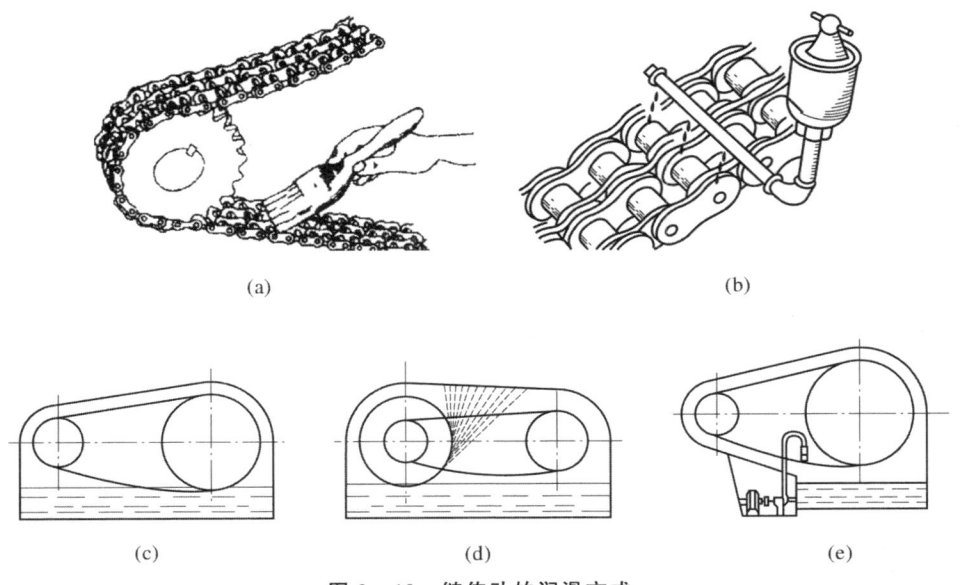

图3－10 链传动的润滑方式

(a) 人工润滑;(b) 滴油润滑;(c) 油浴润滑;(d) 飞溅润滑;(e) 压力润滑

人工润滑是用刷子或油壶定期在链条松边内、外链板间隙注油,每班注油一次,如图3－10 (a) 所示。

滴油润滑是用装有简单外壳的油杯滴油。当给单排链润滑时,每分钟供油5～20滴,速度高时取大值,如图3－10 (b) 所示。

油浴润滑是采用不漏油的外壳,使链条从油槽中通过而实现润滑。若链条浸入油面过深,则搅油损失大,油易发热变质。一般浸油深度为6～12mm,如图3－10 (c) 所示。

飞溅润滑是采用不漏油的外壳，在链轮侧边安装甩油盘而实现飞溅润滑。甩油盘圆周速度 $v > 3 m/s$。当链条宽度大于 125mm 时，链轮两侧各装一个甩油盘。甩油盘浸油深度为 12～35mm，如图 3－10（d）所示。

压力润滑是采用不漏油的外壳，由油泵强制供油实现润滑；喷油管口设在链条啮入处，循环油可起冷却作用，如图 3－10（e）所示。每个喷油口供油量可根据链节距及链速大小查阅有关手册获得。

开式传动和不易润滑的链传动，可定期拆下用煤油清洗，干燥后浸入 70～80℃的润滑油中，待铰链间隙中充满油后再安装使用。

第四节 轴承及其设计

一、滚动轴承

（一）滚动轴承的组成、类型和代号

现代机械中广泛使用滚动轴承作为支承件，工作时依靠主要组成元件间的滚动来支承转动零件。滚动轴承具有摩擦阻力小、效率高、启动灵活、轴向尺寸小、安装和维修方便，价格较便宜等优点。其缺点是承受冲击载荷能力较差，高速重载下轴承寿命较低，振动及噪声较大。滚动轴承已经标准化，常用规格的滚动轴承由专业工厂大量生产。在机械设计中可根据工作条件选用合适的滚动轴承。

1. 滚动轴承的组成

滚动轴承是一个组合标准件。它主要由内圈、外圈、滚动体和保持架等部分组成。通常其内圈用来与轴颈配合装配，外圈的外径用来与轴承座或机架座孔相配合装配。多数情况是内圈随轴回转，外圈不动；但也有外圈回转、内圈不转或内、外圈分别按不同转速回转等使用情况。

滚动体是滚动轴承必不可少的元件。有时为了简化结构，降低成本造价，可根据需要而省去内圈、外圈，甚至保持架等。这时滚动体直接与轴颈和座孔滚动接触，例如，自行车上的滚动轴承就是这样的简易结构。

常见的滚动体形状有球、球面滚子、圆锥滚子、圆柱滚子、滚针等，如图 3－11 所示。球轴承内、外圈上都有凹槽滚道，它起着降低接触压力和限制滚动体轴向移动的作用。保持架使滚动体等距离分布并减少滚动体间的摩擦、磨损和碰撞。

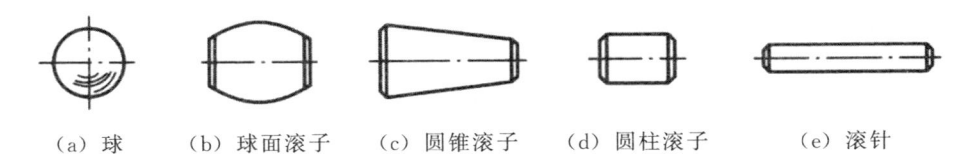

(a) 球　　(b) 球面滚子　　(c) 圆锥滚子　　(d) 圆柱滚子　　(e) 滚针

图 3－11　滚动体的种类

滚动轴承的内圈、外圈和滚动体用强度高、耐磨性好的轴承钢制造。保持架的材料要求具有良好的减摩性，多用低碳钢板冲压例接或焊接而成，也有用铜合金、铝合金或用工程塑料制成的实体保持架。还有一些滚动轴承，除了上述几个基本元件外，可以附设密封圈、防尘盖或锥形紧定套等元件，这些都是属于变形结构的滚动轴承。

2. 滚动轴承的主要类型与特点

滚动轴承的类型很多，表 3－1 给出了常用滚动轴承的类型、结构、性能与特性。

表 3－1　　　　常用滚动轴承的类型、主要性能和特点

轴承名称	类型代号	基本额定动载荷比①	极限转速比②	轴向承载能力	性能和特点
调心球轴承	10000	0.6～0.9	中	少量	主要承受径向载荷，也可同时承受少量的双向轴向载荷。外圈滚道为球面，具有自动调心性能，适用于弯曲刚度小的轴
调心滚子轴承	20000	1.8～4	低	少量	用于承受径向载荷，其承载能力比调心球轴承大，也能承受少量的双向轴向载荷。具有调心性能，适用于弯曲刚度小的轴
推力调心滚子轴承	29000	1.6～2.5	低	很大	承受轴向载荷为主的轴向、径向联合载荷。调心性能好，为保证正常工作，需施加一定轴向预载荷

续表

轴承名称	类型代号	基本额定动载荷比①	极限转速比②	轴向承载能力	性能和特点
圆锥滚子轴承	30000 $\alpha=10°\sim18°$	1.5~2.5	中	较大	能承受径向载荷和轴向载荷。内外圈可分离，故轴承游隙可在安装时调整，通常成对使用，对称安装
	30000B $\alpha=27°\sim30°$	1.1~2.1	中	很大	
双列深沟球轴承	40000	1.6~2.3	中	少量	主要承受径向载荷，也能承受一定的双向轴向载荷。它比深沟球轴承具有更大的承载能力
推力球轴承	51000	1	低	单向轴向载荷	只能承受单向轴向载荷，适用于轴向力大而转速较低的场合
	52000	1	低	双向轴向载荷	可承受双向轴向载荷，常用于轴向载荷大、转速不高处
深沟球轴承	60000	1	高	少量	主要承受径向载荷，也可同时承受少量双向轴向载荷。摩擦阻力小，极限转速高，结构简单，价格便宜，应用最广泛
角接触球轴承	70000C $\alpha=15°$	1.0~1.4	—	一般	能同时承受径向载荷与轴向载荷，接触角有15°、25°、40°三种。适用于转速较高、同时承受径向和轴向载荷的场合
	70000AC $\alpha=25°$	1.0~1.3	高	较大	
	70000B $\alpha=40°$	1.0~1.2	—	更大	

续表

轴承名称	类型代号	基本额定动载荷比①	极限转速比②	轴向承载能力	性能和特点
推力圆柱滚子轴承	80000	1.7～1.9	低	大	只能承受单向轴向载荷承载能力比推力球轴承大得多，不允许轴线偏移。适用于轴向载荷大而不需调心的场合
圆柱滚子轴承（外圈无挡边）	N0000	1.5～3	高	无	只能承受径向载荷，不能承受轴向载荷。承受载荷能力比同尺寸的球轴承大，尤其是承受冲击载荷能力大
滚针轴承	NA0000	—	低	无	这类轴承一般不带保持架，摩擦系数大。内外圈可分离。适用于径向载荷大，径向尺寸受限制的场合

注：①基本额定动载荷比：指同一尺寸系列（直径及宽度）各种类型和结构形式的轴承的基本额定动载荷与单列深沟球轴承的基本额定动载荷之比；

②极限转速比：指同一尺寸系列 0 级公差的各类轴承脂润滑时的极限转速与单列深沟球轴承脂润滑时极限转速之比，高为单列深沟球轴承极限转速的 90%～100%；中为单列深沟球轴承极限转速的 60%～90%；低为深沟球轴承极限转速的 60% 以下。

滚动轴承分为向心轴承、推力轴承和向心推力轴承三大类。

（1）向心轴承

主要或只能承受径向载荷的滚动轴承。公称接触角为 0° 的深沟球轴承除了主要承受径向载荷外，同时还可以承受一定的轴向载荷，在高转速时甚至可以代替推力轴承来承受纯轴向载荷。

（2）推力轴承

只能承受轴向载荷的滚动轴承，如推力球轴承。与轴颈配合的元件称为轴圈，与机座孔配合的元件称为座圈。

（3）向心推力轴承

能同时承受径向载荷和轴向载荷的轴承，如圆锥滚子轴承、角接触球轴承。

3. 滚动轴承的代号

滚动轴承的种类很多，而各类轴承又有不同结构、尺寸和公差等级等，为了表征各类轴承的不同特点，为了便于组织生产、管理、选择和使用，国家标准中规定了滚动轴承代号的表示方法，由数字和字母所组成。

滚动轴承的代号由三个部分代号所组成：前置代号、基本代号和后置代号。

（1）基本代号

基本代号是表示轴承主要特征的基础部分，包括轴承类型、尺寸系列和内径。

轴承的内径是指轴承内圈的内径。尺寸系列是由轴承的直径系列代号和宽度系列代号组合而成，用两位数字表示。

轴承的直径系列表示结构、内径相同的轴承在外径和宽度上的变化系列，用基本代号右起第三位数字表示。

轴承的宽度系列是指轴承的结构、内径和外径都相同，而宽度为一系列不同尺寸，用基本代号右起第四位数字表示。

（2）前置代号

前置代号用字母表示。用以说明成套轴承部件的特点，一般轴承无须作此说明，则前置代号可以省略。

（3）后置代号

后置代号用字母和字母－数字的组合来表示，按不同的情况可以紧接在基本代号之后或者用符号隔开。

（二）滚动轴承类型选择

滚动轴承的类型很多，选择类型必须依据各类轴承的特性，在选用轴承时还要考虑下面几个方面的因素。

1. 轴承的载荷

轴承所承受载荷的大小、方向和性质，是选择轴承类型的主要依据。转速较高、载荷较小、要求旋转精度高时宜选用球轴承；转速较低、载荷较大或有冲击载荷时则选用滚子轴承。

根据载荷的方向选择轴承类型时，对于纯径向载荷，可选用深沟球轴承、圆柱滚子轴承或滚针轴承；轴承承受纯轴向载荷时，一般选用推力轴承；对于同时承受径向和轴向载荷的轴承，以径向载荷为主而轴向载荷较小时，可选用深沟球轴承或小接触角的角接触球轴承；既有径向载荷，轴向载荷也较大时，宜选大接触角的角接触球轴承或圆锥滚子轴承，或深沟球轴承和推力轴承组合的结构，分别承担径向载荷和轴向载荷。同一轴上两处支承的径向载荷相差较大时,也可以选用不同类型的轴承。

2. 轴承的转速

在一般转速下,转速的高低对轴承类型的选择不发生什么影响,只有当转速较高时,才会有比较显著的影响。在轴承样本中列入了各种类型、各种尺寸轴承的极限转速临值。但临值并不是一个不可超越的界限。所以,一般必须保证轴承在低于极限转速条件下工作。从转速对轴承的要求,可确定以下几点。

①球轴承比滚子轴承的极限转速高,所以在高速情况下应选择球轴承。

②当轴承内径相同。外径越小则滚动体越小,产生的离心力越小,对外径滚道的作用也小,所以,外径越大极限转速越低。

③实体保持架比冲压保持架允许有较高的转速。

④推力轴承的极限转速低,所以当工作转速较高而轴向载荷较小时,可以采用角接触球轴承或深沟球轴承。

3. 轴承的调心性能

当轴的中心线与轴承座中心线不重合而有角度误差时,或因轴受力弯曲或倾斜时,会造成轴承的内、外圈轴线发生偏斜。这时,应采用有一定调心性能的调心球轴承或调心滚子轴承。

圆柱滚子轴承、滚针轴承及圆锥滚子轴承对角度偏差敏感,宜用于轴承与座孔能保证同心、轴的刚度较高的地方。值得注意的是,各类轴承内圈轴线相对外圈轴线的倾斜角度是有限制的。超过限制角度,会使轴承寿命降低。

4. 轴承的安装和拆卸

当轴承座没有剖分面而必须沿轴向安装和拆卸轴承部件时,应优先选用内外圈可分离的轴承。当轴承在长轴上安装时。

5. 轴承的经济性要求

深沟球轴承价格最低,滚子轴承比球轴承价格高。轴承精度愈高。则价格愈高。选择轴承时,必须详细了解各类轴承的价格,在满足使用要求的前提下,尽可能地降低成本。

(三)滚动轴承的失效分析

1. 疲劳点蚀

滚动轴承各组成元件在工作中承受变化的接触应力。在接触变应力的长期作用下。金属表层会出现点蚀。在安装、润滑、维护良好的条件下,滚动轴承的失效形式是滚动体或内、外圈滚道上的点蚀。滚动轴承在发生点蚀破坏后。运转中会产生较强烈的振动、噪声和发热现象,最后导致失效而不能正常工作,轴承的寿命计算就是针对这种失效而言的。

2. 塑性变形

当轴承不回转、缓慢摆动或低速转动时，一般不会产生疲劳损坏。但过大的静载荷或冲击载荷会使套圈滚道与滚动体接触处产生较大的局部应力，在局部应力超过材料的屈服点时将产生较大的塑性变形，从而导致轴承失效。因此，对这种工况下的轴承需作静强度计算。

滚动轴承还有其他失效形式，如套圈断裂、滚动体破碎、磨损、锈蚀等，但只要设计合理、制造合格、安装维护适当。都是可以避免的。所以在工程上，主要以疲劳点蚀和塑性变形两类失效形式进行计算。

（四）滚动轴承动态承载能力计算

1. 滚动轴承寿命计算中的几个概念

（1）轴承的寿命

滚动轴承的轴承的寿命是在任一元件点蚀破坏前所经历的转数或某转速下的小时数。由于制造精度、材料的差异。即使是同样的材料、同样的尺寸及同一批生产出来的轴承。在完全相同的条件下工作，它们的寿命也不相同，也会产生很大的差异。因此，对于轴承的寿命计算就需要采用概率和数理统计的方法来进行处理。即为在一定可靠度下的寿命。同一型号的轴承，可靠度要求高时其寿命较短、可靠度要求低时其寿命较长。

（2）基本额定寿命

为了便于统一。考虑到一般机器的使用条件及可靠度要求，规定了基本额定寿命。一组在相同条件下运转的近于相同的轴承。按有 10% 的轴承发生点蚀破坏，而其余 90% 的轴承未发生点蚀破坏前的转数，也就是说，对于一批轴承，能达到或超过基本额定寿命的轴承有 90%。而对每一个轴承来说，它能达到或超过基本额定寿命的概率为 90%。

（3）基本额定动载荷

对于一个具体的轴承，其结构、尺寸、材料都已确定，这时，如果工作载荷越大，产生的接触应力越大，从而发生点蚀破坏前所能经受的应力变化次数也就越少。折合成轴承能够旋转的次数也就越少，轴承的寿命也就越短。为了在计算时有一个基准，就引入了基本额定动载荷。

2. 滚动轴承的当量动载荷

滚动轴承的寿命计算，实质上是把滚动轴承承受的载荷与基本额定动载荷进行比对。而滚动轴承的受载情况往往与确定基本额定动载荷的试验条件不一致，所以必须进行必要的换算。把经换算而得到的等效载荷称为当量动载荷，用 F 表示。在此载荷的作用下，轴承的寿命与实际载荷作用下的寿命相同。

3. 计算角接触轴承轴向载荷

计算角接触轴承轴向载荷时,先计算轴上全部轴向力的合力指向,判定被压紧轴承和被放松轴承;然后确定被放松轴承所受的轴向力仅为自身派生轴向力,被压紧轴承的轴向力则为除去本身派生轴向力外其他所有轴向力的代数和。

(五) 滚动轴承静态承载能力计算

对于静止、缓慢摆动或转速极低的滚动轴承,其失效形式是滚动体与内外圈接触处产生过大的塑性变形,对此应根据静强度计算确定轴承尺寸。对于载荷变动较大,尤其是受较大冲击载荷的旋转轴承,在按动载荷作寿命计算后,应再验算静强度。

1. 基本额定静载荷 C_0

滚动轴承静强度的计算标准是基本额定静载荷,它表示滚动轴承抵抗塑性变形的最大承载能力,是轴承静强度计算的依据。

2. 当量静载荷 P_0

与当量动载荷的概念相似。静强度计算时用当量静载荷轴承在这个载荷作用下,受载最大的滚动体与滚道接触处的塑性变形量总和与实际载荷作用下的塑性变形量总和相等。

二、滑动轴承工作能力设计

(一) 滑动轴承工作能力设计概述

滑动轴承是由轴颈和轴瓦或轴颈止推面和推力瓦组成的面接触滑动摩擦副,用来支承回转的零件。

滑动轴承的类型很多,按其承受载荷方向的不同,可分为径向滑动轴承和推力滑动轴承。根据其滑动表面间润滑状态的不同,可分为流体润滑轴承、不完全流体润滑轴承和自润滑轴承。根据流体润滑承载机理的不同,又可分为流体动压润滑轴承和流体静压润滑轴承。

滚动轴承具有摩擦因数低、启动阻力小的优点,并已标准化,因此在一般机器中应用较广。滑动轴承由于自身的一些独特优点,使其在某些特殊场合仍占有重要地位。在高速、重载、高精度、腐蚀介质中,径向结构小等场合下,滑动轴承显示出比滚动轴承更为优越的性能,甚至有些场合只有滑动轴承才能使用。

在转速特高和特重载下能正常工作、使用寿命长。在这种工况下,如果用滚动轴承,因滚动轴承的寿命与轴的转速成反比,其使用寿命会很短;由于滑动轴承是面接触,承载能力大,可用于特重载场合。

能保证轴的支承位置特别精确。由于滚动轴承影响支承精度的零件多，而滑动轴承只要设计合理，就可达到要求的旋转精度。磨床主轴采用流体润滑轴承。

能承受较大的冲击和振动的载荷。在这种工况下，滚动轴承容易损坏，而滑动轴承工作面上的油膜具有减振、缓冲和降噪声的作用。

根据装配要求，滑动轴承可做成剖分式的结构，例如内燃机曲轴的轴承。

滑动轴承的径向尺寸比滚动轴承小，适合于轴密集排列或轴上回转零件径向尺寸小的场合。

（二）滑动轴承的主要结构

1. 径向滑动轴承

径向滑动轴承可以分为整体式和剖分式两大类。对于常用的径向滑动轴承，我国已经制定了标准，通常情况下可以根据工作条件进行选用。

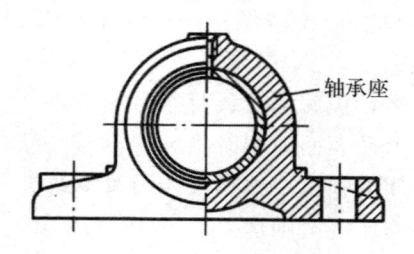

（1）整体式径向滑动轴承

整体式径向滑动轴承如图3-12所示，它由轴承座和减磨材料制成的整体轴套组成。轴承座用螺栓与机座连接，顶部设有安装注油油杯的螺纹孔。轴套上开有油孔，并在其内表面开油沟以输送润滑油。这种轴承结构简单、制造成本低，但当滑动表面磨损后无法修整，而且装拆轴的时候只能做轴向移动，有时很不方便，有些粗重的轴和中间具有轴颈的轴（如内燃机的曲轴）就不便或无法安装。整体式滑动轴承多用于低速、轻载和间歇工作的场合，例如手动机械、农业机械等。这种轴承所用的轴承座称为整体有衬正滑动轴承座。

图3-12 整体式径向滑动轴承

（2）对开式滑动轴承

对开式滑动轴承是由轴承盖、轴承座、剖分轴瓦和螺栓组成，如图3-13所示。

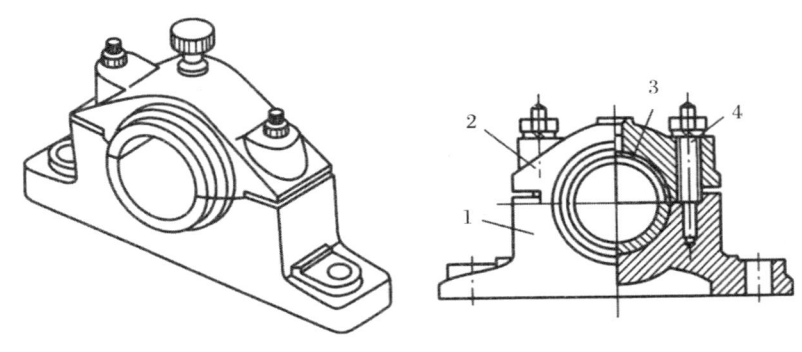

图 3—13 对开式径向滑动轴承
1—轴承座；2—轴承盖；3—轴瓦；4—螺栓

对开式滑动轴承的剖分面常做成阶梯形，以便对中和防止横向错动。轴承盖上部开有螺纹孔，用以安装油杯。轴瓦也是剖分式的，通常由下轴瓦承受载荷。为了节省贵重金属或其他需要，常在轴瓦内表面上浇注一层轴承衬。在轴瓦内壁非承载区开设油槽，润滑油通过油孔和油槽流进轴承间隙。轴承剖分面最好与载荷方向近似垂直，多数轴承的剖分面是水平的。这种轴承装拆方便，并且轴瓦磨损后可以用减少剖分面处的垫片厚度来调整轴承间隙。这种轴承所用的轴承座称为对开式二螺柱正滑动轴承座。

(3) 调心式径向滑动轴承

轴承宽度与轴径之比称为宽径比。当轴颈较长，轴的刚度较低，或由于两轴承不是安装在同一刚性机架上，同心度较难保证时。都会造成轴瓦端部的局部接触，使轴瓦局部严重磨损，为此可采用能相对轴承自行调节轴线位置的径向滑动轴承，称为调心式径向滑动轴承。这种滑动轴承的结构特点是轴瓦的外表面做成凸形球面，与轴承盖及轴承座上的凹形球面箱配合，当轴变形时。轴瓦可随轴线自动调节位置。从而保证轴颈和轴瓦为球面接触。

(4) 轴承与轴瓦结构

整体式轴承中与轴颈配合的零件称为轴套。对开式轴承的轴瓦由上下两半组成。为使轴瓦既有一定的强度，又有良好的减磨性，常在轴瓦内表面浇铸一层减磨性好的材料，这层材料称为轴承衬。

为了将润滑油引入轴承。并布满于工作表面，常在其上开有供油孔和油沟；供油孔和油沟应开在轴瓦的非承载区，否则会降低油膜的承载能力。轴向油沟也不应在轴瓦全长上开通，以免润滑油自油沟端部大量泄漏。

2. 推力滑动轴承

推力滑动轴承用于承受轴向载荷。推力滑动轴承由轴承座和止推轴颈组成，常用的结构形式有空心式、等环式和多环式。通常不用实心式轴颈，因其端面上的压力分布极不均匀，靠近中心处的压力很高，对润滑极为不利。空心式轴颈接触面上压力分布较均匀，润滑条件比实心式轴颈要好。单环式轴颈利用轴颈的环形端面止推，结构简单，润滑方便，广泛用于低速、轻载的场合。多环式轴颈不仅能承受较大的轴向载荷，有时还可承受双向轴向载荷。

（三）滑动轴承的失效形式及常用材料

1. 滑动轴承的失效形式

滑动轴承的失效形式通常由多种原因引起，失效的形式有很多种，有时几种失效形式并存，相互影响。

（1）磨粒磨损

进入轴承间隙的硬颗粒物有的嵌入轴承表面，有的游离于间隙中并随轴一起转动，它们都将对轴颈和轴承表面起研磨作用。在机器启动、停车或轴颈与轴承发生边缘接触时，它们都将加剧轴承磨损，导致几何形状改变、精度丧失，轴承间隙加大，使轴承性能在预期寿命前急剧恶化。

（2）刮伤

进入轴承间隙的硬颗粒或轴颈表面粗糙的轮廓峰顶，在轴承上划出线状伤痕，导致轴承因刮伤而失效。

（3）胶合

当轴承温升过高，载荷过大，油膜破裂时。或在润滑油供应不足的条件下，轴颈和轴承的相对运动表面材料发生黏附和迁移，从而造成轴承损坏，有时甚至可能导致相对运动的中止。

（4）疲劳剥落

在载荷反复作用下，轴承表面出现与滑动方向垂直的疲劳裂纹，当裂纹向轴承衬与衬背结合面扩展后，造成轴承衬材料的剥落。它与轴承衬和衬背因结合不良或结合力不足造成轴承衬的剥离有些相似，但疲劳剥落周边不规则，结合不良造成的剥离周边会比较光滑。

（5）腐蚀

润滑剂在使用中不断氧化，所生成的酸性物质对轴承材料有腐蚀性，特别是铸造铜铝合金中的铅，易受腐蚀而形成点状剥落。氧对锡基巴氏合金的腐蚀，会使轴承表面形成一层黑色硬质覆盖层，它能擦伤轴颈表面，并使轴承间隙变小。此外，硫对含银或铜的轴承材料的腐蚀，润滑油中的水分对铜铅合金的腐蚀，都应予以注意。

轴瓦是滑动轴承中的重要零件，其材料对轴承的性能影响很大。有时为了节约贵重的合金材料或由于结构上的需要，常在轴瓦内表面上浇铸或轧制一层轴承合金，称为轴承衬。轴瓦与轴承衬的材料通称为轴承材料。轴承材料性能应着重满足以下主要要求：

良好的减摩性、耐磨性和抗胶合性。减摩性是指材料副具有低的摩擦因数。耐磨性是指材料的抗磨性能力。抗胶合性是指材料的耐热性和抗黏附性。良好的摩擦顺应性、嵌入性和磨合性。摩擦顺应性是指材料通过表层弹塑性变形来补偿轴承滑动表面初始配合不良的能力。嵌入性是指材料容纳硬质颗粒嵌入，从而减轻轴承滑动表面发生刮伤或磨粒磨损的性能。磨合性是指轴瓦与轴颈表面经过短期轻载运转后，易于形成相互吻合的表面粗糙度。足够的强度和抗腐蚀能力。良好的导热性、工艺性、经济性等。

应该指出的是：没有一种轴承材料全面具备上述性能。因而必须针对各种具体的情况，仔细进行分析后合理选用。

2. 滑动轴承的常用材料

常用的材料可以分为三大类：金属材料、多孔质金属材料、非金属材料。

（1）金属材料

轴承合金：轴承合金是锡、铅、锑、铜的合金，它以锡或铅作为基体，其内含有锑锡或铜锡的硬晶粒。硬晶粒起抗磨作用，软基体则增加材料的塑性。轴承合金的弹性模量和弹性极限都很低，在所有的轴承材料中，它的嵌入性及摩擦顺应性最好，很容易和轴颈磨合，也不易与轴颈发生胶合。但轴承合金的强度很低，不能单独制作轴瓦，只能黏附在青铜、钢或铸铁轴瓦上作轴承衬。轴承合金适用于重载、中高速场合，价格较贵。

铜合金：铜合金具有较高的强度。较好的减摩性和耐磨性。由于青铜的减摩性和耐磨性比黄铜好，故青铜是最常用的材料。青铜有锡青铜、铅青铜和铝青铜等几种，其中锡青铜的减摩性和耐磨性最好，应用广泛。但锡青铜比轴承合金硬度高，磨合性及嵌入性差，适用于重载及中速场合。铅青铜抗胶合能力强，适用于高速、重载轴承。铝青铜的强度及硬度较高。抗胶合能力较差，适用于低速重载轴承。在一般机械中有50%的滑动轴承采用青铜材料。

铝基轴承合金：铝基轴承合金在许多国家获得了广泛的应用。它有相当好的耐蚀性和较高的疲劳强度，减摩性也较好。这些品质使铝基轴承合金在部分领域取代了较贵的轴承合金和青铜。铝基轴承合金可以制成单金属零件，也可以制成双金属零件，双金属轴瓦以铝基轴承合金为轴承衬，以钢作衬背。

灰铸铁和耐磨铸铁：普通灰铸铁、加有镍、铬钛等合金成分的耐磨灰铸铁，或者是球墨铸铁，都可以用做轴承材料。这类材料中的片状或球状石墨在材料表面上覆盖后，可以形成一层起润滑作用的石墨层，故具有一定的减摩性和耐磨性。此外石墨能吸附碳氢化合物。有助于提高边界润滑性能，故采用灰铸铁作轴承材料时应加润滑油。由于铸铁性能较脆、磨合性能差。故只适用于轻载低速和不受冲击载荷的场合。

（2）多孔质金属材料

多孔质金属材料是用不同金属粉末经压制、烧结而成的轴承材料。这种材料是多孔结构的。使用前先把轴瓦在加热的油中浸渍数小时，使孔隙中充满润滑油。工作时，由于轴颈转动的抽吸作用及轴承发热时油的膨胀作用，油便进入摩擦表面间起润滑作用；不工作时，因毛细管作用，油便被吸回到轴承内部。故在相当长的时间内，即使不加油仍能很好的工作。通常把这种材料制成的轴承称为含油轴承，它具有自润滑性。如果定期给以供油，则使用效果更好。但由于其韧度较低，故宜用于平稳无冲击载荷及中低速情况。常用的有多孔铁和多孔质青铜。多孔铁常用来制作磨粉机轴套、机床油泵衬套、内燃机凸轮轴衬套等，多孔质青铜常用来制作电唱机、电风扇、纺织机械及汽车发电机的轴承。我国也有专门制造含油轴承的生产厂家，需要时可根据其设计手册选用。

（3）非金属材料

非金属材料中应用最广的是各种塑料。

聚合物的特性是：与许多化学物质不起反应，耐蚀性好；具有一定的自润滑性，可以在无润滑条件下工作。在高温条件下具有一定的润滑能力；具有包容异物的能力，不易擦伤配合零件表面；减摩性及耐磨性比较好。

选择聚合物作轴承材料时，必须注意以下一些问题：由于聚合物的热传导能力差，只有钢的百分之几，因此必须考虑摩擦热的消散问题，它严格限制着聚合物轴承的工作转速及压力值。又因为聚合物的线膨胀系数比钢的大得多。因此聚合物轴承与钢制轴颈的间隙比金属轴承的间隙大。此外，聚合物材料的强度和屈服点较低。因而在装配和工作时能承受的载荷有限。另外。聚合物在常温下会产生蠕变现象，因而不宜用来制作间隙要求严格的轴承。

木材具有多孔质结构，可用填充剂来改善其性能。填充聚合物能提高木材的尺寸稳定性和减少吸湿量，并能提高强度。采用木材制成的轴承，可在灰尘极多的条件下工作。

（四）混合润滑滑动轴承的工作能力设计

滑动轴承根据工作时能够承受的外载荷性质可以分为径向滑动轴承和推力滑动轴承。根据工作时的摩擦状态也可以分为非流体润滑滑动轴承和流体润滑轴承。

当滑动轴承在润滑剂缺乏或形成流体动力润滑之初润滑剂不充分的情况下，滑动轴承会处于混合润滑的状态。此时滑动轴承的失效方式是千变万化的,影响因素也非常复杂。

(五) 流体动压滑动轴承的工作能力设计

流体润滑滑动轴承可以通过静压原理,即用液压泵将一定压力的润滑油压入滑动轴承与轴颈之间获得,也可以通过流体动压原理获得。这里主要介绍滑动轴承流体动压润滑的工作原理及其设计方法。

1. 流体动压润滑的机理

形成流体动压润滑油膜压力的基本条件为:

(1) 润滑油要具有一定的黏度。

(2) 两摩擦表面要具有一定的相对滑动速度。

(3) 相对滑动的表面要形成收敛的楔形间隙。

(4) 有足够充足的供油量。

2. 流体动压径向滑动轴承的状态

流体动压润滑轴承在轴颈启动状态时,由于轴颈与轴承内壁的摩擦力作用,使轴颈沿轴承内壁向前滚动,轴颈达到稳定工作状态后,由于轴颈转速足够高,可将润滑油带入收敛的楔形间隙而形成稳定的流体动压润滑状态。

3. 流体动压径向滑动轴承的工作能力设计

流体动压润滑轴承在稳定工作状态下,轴颈与轴承内表面被润滑油隔开。轴瓦主要的失效形式是:制造过程中残留切屑或润滑油中的污物颗粒造成的磨粒磨损;温升过高使轴承和轴颈发生咬死的黏着磨损及润滑油污染等造成的腐蚀磨损等。所以滑动轴承的工作能力设计要保证轴承具有一定承载能力的同时严格控制温升。

最小油膜厚度。最小油膜厚度是不能无限缩小的,因为它受到轴颈和轴承表面粗糙度、轴的刚度及轴承与轴颈的几何形状误差等的限制。为确保轴承能处于液体摩擦状态,最小油膜厚度必须等于或大于许用油膜厚度。

轴承工作时,摩擦功耗将转变为热量,使润滑油温度升高。如果油的平均温度超过计算承载能力时所假定的数值,则轴承承载能力就要降低。因此要计算油的温升,并将其限制在允许的范围内。

轴承运转中达到热平衡状态的条件是:单位时间内轴承摩擦所产生的热量等于同时间内流动的油所带走的热量与轴承散发的热量之和。除了润滑油带走的热量以外,还可以由轴承的金属表面通过传导和辐射把一部分热量散发到周围介质中去。这部分热量与轴承的散热表面的面积、空气流动速度等有关,很难精确计算。因此,通常采用近似计算。

参数选择是液体动力润滑径向滑动轴承设计中的重要工作。轴承的工作能力计算要在一些重要的轴承参数确定后才能进行。

（1）宽径比

宽径比一般轴承的宽径比在 0.3～1.5 之间。宽径比小，有利于提高运转稳定性，增大端泄量以降低温升。但轴承宽度减小，轴承承载能力也随之降低。高速重载轴承温升高，宽径比宜取小值；低速重载轴承。为提高轴承整体刚度，宽径比宜取大值；高速轻载轴承，如对轴承刚度无过高要求，可取小值；需要对轴有较大支承刚度的机床轴承。宜取较大值。

（2）相对间隙

相对间隙主要根据载荷和速度选取。速度愈高，值应愈大；载荷愈大，值就愈小。此外，直径大、宽径比小、调心性能好、加工精度高时，值取小值；反之取大值。

（3）黏度

这是轴承设计中的一个重要参数。它对轴承的承载能力、功耗和轴承温升都有不可忽视的影响。轴承工作时，油膜各处温度是不同的，通常认为轴承温度等于油膜的平均温度。平均温度的计算是否准确，将直接影响到润滑油黏度的大小。平均温度过低，则油的黏度较大，算出的承载能力偏高；反之，则承载能力偏低。设计时，可先假定轴承平均温度初选黏度，进行初步设计计算。最后再通过热平衡计算来验算轴承入口油温是否在 35～40℃之间，否则应重新选择黏度再做计算。

第四章　机械工程加工

第一节　车削加工

车削加工（简称车削）是在车床上用车刀加工工件的工艺过程。车削加工时，工件的旋转是主运动，刀具做直线进给运动，因此，车削加工适用于加工各种回转体表面。车削加工在机械制造业中占有重要地位。用于传动的回转体零件大多需要进行车削加工，因此大多数机械制造厂中车床的数量是最多的。

一、车床类型

在所有的机床种类里，车床的类型最多。按用途和结构不同，可以分为普通卧式车床、立式车床、转塔和回转车床、自动车床、多刀半自动车床、仿形车床、专门化车床以及数控车床等。

（一）普通卧式车床

加工对象广，主轴转速和进给量的调整范围大，能加工工件的内外表面、端面和内外螺纹。这种车床主要由工人手工操作，生产效率低，适用于单件、小批量生产和修配车间。

（二）立式车床

主轴垂直于水平面，工件装夹在水平的回转工作台上，刀架在横梁或立柱上移动。适用于加工较大、较重、难于在普通车床上安装的工件，分单柱和双柱两大类。

（三）转塔和回转车床

具有能装多把刀具的转塔刀架或回轮刀架，能在工件的一次装夹中由工人依次使用不同刀具完成多种工序，适用于成批生产。

（四）自动车床

按一定程序自动完成中小型工件的多工序加工，能自动上下料，重复加工一批同样的工件，适用于大批、大量生产。

（五）多刀半自动车床

有单轴、多轴、卧式和立式之分。单轴卧式的布局形式与普通车床相似，但两组刀架分别装在主轴的前后或上下，用于加工盘、环和轴类工件，其生产率比普通车床高 3～5 倍。

（六）仿形车床

能仿照样板或样件的形状尺寸，自动完成工件的加工循环，适用于形状较复杂的工件的成批生产，生产率比普通车床高 10～15 倍。有多刀架、多轴、卡盘式、立式等类型。

（七）专门化车床

加工某类工件的特定表面的车床，如曲轴车床、凸轮轴车床、车轮车床、车轴车床、轧辊车床和钢锭车床等。

（八）数控车床

数控车床是目前使用较为广泛的数控机床之一。它主要用于轴类零件或盘类零件的内外圆柱面、任意锥角的内外圆锥面、复杂回转内外曲面和圆柱、圆锥螺纹等切削加工，并能进行切槽、钻孔、扩孔、铰孔及镗孔等操作。

数控机床是按照事先编制好的加工程序，自动对被加工零件进行加工。我们把零件的加工工艺路线、工艺参数、刀具的运动轨迹、位移量、切削参数以及辅助功能，按照数控机床规定的指令代码及程序格式编写成加工程序单，再把这程序单中的内容记录在控制介质上，然后输入数控机床的数控装置中，从而指挥机床加工零件。

上述车床中普通卧式车床应用最广。

二、普通卧式车床组成与特点

（一）普通卧式车床的组成及功能

普通卧式车床由床身、床头（主轴箱）、变速箱、进给箱、光杠、丝杠、溜板箱、刀架和尾架（尾座）等部分组成。当然还有电气、冷却系统等其他部分。

1. 床身

车床的基础零件，用来支承和安装车床的各部件，保证其相对位置，如床头箱、进给箱、溜板箱等。床身具有足够的刚度和强度，床身表面精度很高，以保证各部件之间有正确的相对位置。床身上有四条平行的导轨，供大拖板（刀架）和尾架相对于床头箱进行正确的移动，为了保持床身表面精度，在操作车床中应注意维护保养。

2. 床头（主轴箱）

用以支承主轴并使之旋转。主轴为空心结构，其前端外锥面安装三爪卡盘等附件来夹持工件，前端内锥面用来安装顶尖，细长孔可穿入长棒料。

3. 变速箱

由电动机带动变速箱内的齿轮轴转动，通过改变变速箱内的齿轮搭配（啮合）位置，得到不同的转速。

4. 进给箱

又称走刀箱，内装进给运动的变速齿轮，可调整进给量和螺距，并将运动传至光杠或丝杠。

5. 光杠、丝杠

将进给箱的运动传给溜板箱。光杠用于一般车削的自动进给，不能用于车削螺纹；丝杠用于车削螺纹。

6. 溜板箱

又称拖板箱，与刀架相连，是车床进给运动的操纵箱。它可将光杠传来的旋转运动变为车刀的纵向或横向的直线进给运动；可将丝杠传来的旋转运动，通过"对开螺母"直接变为车刀的纵向移动，用以车削螺纹。

7. 刀架

用来夹持车刀并使其做纵向、横向或斜向进给运动。

8. 尾架（尾座）

安装在床身导轨上。在尾架的套筒内安装顶尖，用以支承工件；也可安装钻头、铰刀等刀具，在工件上进行孔加工；将尾架偏移，还可用来车削圆锥体。

(二) 普通卧式车床的特点

(1) 车床的床身、床脚、油盘等采用整体铸造结构，刚性高，抗震性好，适合高速切削。

(2) 床头箱采用三支承结构，三支承均为圆锥滚子轴承，主轴调节方便，回转精度高，精度保持性好。

(3) 进给箱设有米制和寸制螺纹转换机构，螺纹种类的选择转换方便可靠。

(4) 溜板箱内设有锥形离合器安全装置，可防止自动走刀过载后的机件损坏。

(5) 车床纵向设有四工位自动进给机械碰停装置，可通过调节碰停杆上轮的纵向位置，设定工件加工所需长度，实现零件的纵向定尺寸加工。

(6) 尾座设有变速装置，可满足钻孔、铰孔的需要。

(7) 车床润滑系统设计合理可靠,主轴箱、进给箱、溜板箱均采用体内润滑,并增设线泵、柱塞泵对特殊部位进行自动强制润滑。

三、车削加工的应用

车削加工应用十分广泛。因机器零件以回转体表面居多,故车床一般占机械加工车间机床总数的50%以上。车削加工可以在普通车床、立式车床、转塔车床、仿形车床、自动车床以及各种专用车床上进行。

普通车床应用最为广泛,它适宜于各种轴、盘及套类零件的单件和小批量生产。加工精度可达I17~IT8,表面粗糙度R_a值为0.8~1.6μm。在车床上可以使用不同的车刀或其他刀具加工各种回转表面,如内外圆柱面、内外圆锥面、螺纹、沟槽、端面和成形面等。车削常用来加工单一轴线的零件,如直轴和一般盘、套类零件等。若改变工件的安装位置或将车床适当改装,还可以加工多轴线的零件,如曲轴、偏心轮等或盘形凸轮。

转塔车床适宜于外形较为复杂而且多半具有内孔的中小型零件的成批生产。六角转塔车床,其与普通车床的不同之处是有一个可转动的六角刀架,代替了普通车床上的尾架。在六角刀架上可以装夹数量较多的刀具或刀排,根据预先的工艺规程,调整刀具的位置和行程距离,依次进行加工。六角刀架每转60°便更换一组刀具,而且可同时与横刀架的刀具一起对工件进行加工。此外,机床上有定程装置,可控制尺寸,节省了很多度量工件的时间。

半自动和自动车床多用于形状不太复杂的小型零件大批、大量生产,如螺钉螺母、管接头、轴套类等,其生产效率很高,但精度较低。

卧式车床或数控车床适应性较广,适用于单件小批生产的各种轴、盘、套等类零件加工。而立式车床多用于加工直径大而长度短(长径比$L/D \approx 0.3 \sim 0.8$)的重型零件。

四、车削加工的工艺特点

(一)适用范围广泛

车削是轴、盘、套等回转体零件不可缺少的加工工序。一般来说,车削加工可达到的精度为IT7~IT13,表面粗糙度R_a值为0.8~50μm。

(二)容易保证零件加工表面的位置精度

车削加工时,一般短轴类或盘类工件用卡盘装夹,长轴类工件用前后顶尖装夹,套类工件用心轴装夹,而形状不规则的零件用卡盘、花盘装夹或花盘弯板装夹。在一次安装中,可依次加工工件各表面。由于车削各表面时均绕同一回转轴线旋转,故可较好地保证各加工表面间的同轴度、平行度和垂直度等位置精度要求。

(三) 适宜有色金属零件的精加工

当有色金属零件的精度较高、表面粗糙度 R_a 值较小时,若采用磨削,易堵塞砂轮,加工较困难,难以得到较好的表面质量,故可由精车完成。若采用金刚石车刀,以很小的切削深度 ($a_p < 0.15$mm)、进给量 ($f < 0.1$mm/r) 以及很高的切削速度 ($v \approx 5$m/s) 精车切削,可获得很高的尺寸精度 (IT5~IT6) 和很小的表面粗糙度 R_a 值 ($0.1 \sim 0.8 \mu$m)。

(四) 切削过程比较平稳,生产效率较高

车削时切削过程大多数是连续的,切削面积不变,切削力变化很小,切削过程比刨削和铣削平稳。因此可采用高速切削和强力切削,使生产率大幅度提高。

(五) 刀具简单,生产成本较低

车刀是刀具中最简单的一种,制造、刃磨和安装均很方便。车床附件较多,可满足一般零件的装夹,生产准备时间较短。车削加工成本较低,既适宜单件、小批量生产,也适宜大批、大量生产。

第二节　钳　工

一、钳工的主要任务

钳工的工作范围很广,如各种机械设备的制造,首先是从毛坯(铸造、锻造、焊接的毛坯及各种轧制成的型材毛坯)经过切削加工和热处理等步骤成为零件,然后通过钳工把这些零件按机械的各项技术精度要求进行组件、部件装配和总装配,从而成为一台完整的机械。有些零件在加工前还要通过钳工进行划线;针对有些零件的技术要求,采用机械加工方法不太适宜或不能解决,也要通过钳工工作来完成。

许多机械设备在使用过程中,出现损坏、产生故障或长期使用后失去原有精度,影响使用,也要通过钳工来维护和修理。

在工业生产中,各种工具、夹具、量具以及各种专用设备等的制造都要通过钳工来完成。

不断进行技术革新,改进工艺和工具,以提高劳动生产率和产品质量,也是钳工的重要任务。

二、钳工常用设备

(一) 台虎钳

它是用来夹持工件的通用夹具,有固定式和回转式两种结构形式(见图4－1),回转式台虎钳的构造和工作原理为:活动钳身通过导轨与固定钳身的导轨孔作滑动配合。丝杠装在活动钳身上,可以旋转,但不能轴向移动,并与安装在固定钳身内的丝杠螺母配合。当摇动手柄使丝杠旋转时,就可带动活动钳身相对于固定钳身做轴向移动,起夹紧和放松工件的作用。弹簧借助挡圈和销固定在丝杠上,其作用是当放松丝杠时,可使活动钳身及时退出。在固定钳身和活动钳身上,各装钢制钳口,并用螺钉固定。钳口的工作面上制有交叉网纹,使工件夹紧后不易产生滑动,钳口经过热处理淬硬,具有较好的耐磨性。固定钳身装在固定转座上,并能绕转座轴线转动,当转到要求的方向时,扳动手柄使夹紧螺钉旋转,便可在夹紧盘的作用下把固定钳身固定,台虎钳的规格以钳口的宽度表示,有100mm、125mm和150mm等。

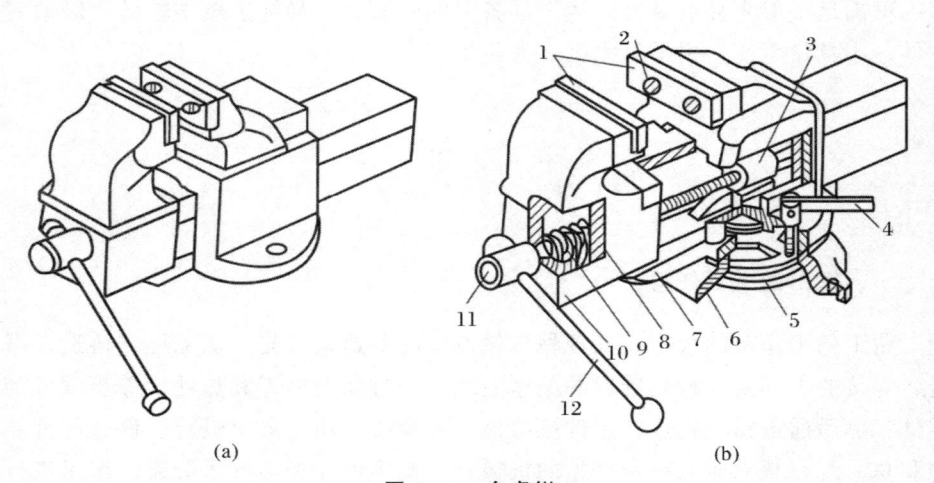

图4－1 台虎钳
(a) 固定式;(b) 回转式

1—钳口;2—螺钉;3—螺母;4,12—手柄;5—夹紧盘;6—转盘座;
7—固定钳身;8—挡圈;9—弹簧;10—活动钳身;11—丝杠

台虎钳在钳台上安装时,必须使固定钳身的工作面处于钳台边缘以外,以保证夹持长条形工件时,工件的下端不受钳台边缘的阻碍。

(二) 钳台

钳台用来安装台虎钳、放置工件和工具等。台虎钳的高度为800～900mm,装上台虎钳后,钳口高度以恰好齐平人的手肘为宜;长度和宽度随工作需要而定。

（三）砂轮机

砂轮机用来刃磨钻头、錾子等刀具或其他工具等，由电动机、砂轮和机体组成。

（四）钻床

钻床用来对工件进行各类圆孔的加工，有台式钻床、立式钻床和摇臂钻床等。

三、钳工常用电动工具及起重设备

（一）手电钻

手电钻是一种便携式电动钻孔工具。在装配、修理工作中，当受工件形状或加工部位的限制不能使用钻床钻孔时，可使用手电钻加工。

手电钻的电源电压分单相（220V，36V）和三相（380V）两种。电钻的规格是以其最大钻孔直径来表示的，采用单相电压的手电钻规格有6mm、10mm、13mm、19mm和23mm共5种；采用三相电压的电钻规格有13mm、19mm和23mm共3种。在使用时可根据不同情况进行选择。

使用手电钻时应注意以下两点：

（1）使用前，应开机空转1min，检查传动部分是否正常，若有异常，应排除故障后再使用。

（2）钻头必须锋利，钻孔时不宜用力过猛。当孔即将被钻穿时须相应减轻压力，以防事故发生。

（二）电磨头

电磨头属于高速磨削工具。它适用于在大型工、夹、模具的装配调整中对各种形状复杂的工件进行修磨或抛光；装上不同形状的小砂轮，还可修磨凹、凸模的成形面；当用布轮代替砂轮使用时，则可进行抛光作业。

使用电磨头时应注意以下三点：

（1）使用前应开机空转2~3min，检查旋转声音是否正常，若有异常，则应排除故障后再使用。

（2）新装砂轮应修整后使用，否则所产生的惯性力会造成严重振动，影响加工精度。

（3）砂轮外径不得超过磨头铭牌上规定的尺寸。工作时砂轮和工件的接触力不宜过大，更不能用砂轮冲击工件，以防砂轮爆裂，造成事故。

（三）电剪刀

它使用灵活，携带方便，能用来剪切各种几何形状的金属板材，用电剪刀剪切后的板材具有板面平整、变形小、质量好的优点。因此，它也是对各种复杂的大型板材进行来料加工的主要工具之一。

使用电剪刀时应注意以下两点：

（1）开机前应检查整机各部分螺钉是否紧固，然后开机空转，待运转正常后方可使用。

（2）剪切时，两刀刃的间距需根据材料厚度进行调试。剪切厚材料时，两刀刃的间距为 0.2～0.3mm；剪切薄材料时，间距为 0.2δ（δ 为板材厚度）；作小半径剪切时，须将两刃口间距调至 0.3～0.4mm。

（四）千斤顶

千斤顶是一种小型起重工具，主要用来起重工件或重物。常用它拆卸和装配设备中过盈配合的零件，如锻压设备的滑动轴承等。它具有体积小、操作简单、使用方便等优点。

使用时应遵守下列规则：

（1）千斤顶应垂直安置在重物下面。工作地面较软时应加垫铁，以防陷入或倾斜。

（2）用齿条千斤顶工作时，止退棘爪必须紧贴棘轮。

（3）使用油压千斤顶时，调节螺杆不得旋出过长，主活塞的行程不得超过极限高度标志。

（4）合用几个千斤顶升降重物时，要有人统一指挥，尽量保持几个千斤顶的升降速度和高度一致，以免重物发生倾斜。

（5）重物不得超过千斤顶的负载能力。

（五）手拉葫芦

手拉葫芦是一种使用简单、携带方便的手动起重机械，一般用于室内小件起重装卸。

使用手拉葫芦时应遵守下列规则：

（1）使用前严格检查手拉葫芦的吊钩、链条，不得有裂纹。棘爪弹簧应保证制动可靠。

（2）使用时，上下吊钩一定要挂牢，起重链条一定要理顺，链环不得错扭，以免使用时卡住链条。

（3）超重时，操作者应与起重葫芦链轮在同一平面内拉动链条，用力应均匀、缓和。拉不动时应检查原因，不得用力过猛或抖动链条。

（4）超重时不得用手扶超重链条，更不能探身于重物下进行垫板及装卸作业。

第四章　机械工程加工

（六）单梁桥式起重机

在使用时应注意下列安全规则：

（1）重物不得超过限制吨位。

（2）起吊时工件与电葫芦位置应在一条直线上，不可斜拉工件。

（3）运工件时，不可以提升过高。横梁行走时要响铃或吹哨，以引起其他人的注意，操纵者应密切注意前面的人和物。

四、钳工常用工、量具

常用工具有划线用的划针、划线盘、划规、中心冲和平板，錾削用的手锤和各种錾子，锉削用的锉刀，锯割用的锯弓和锯条，孔加工用的各类钻头、铰刀，攻、套螺纹用的各种丝锥、板牙和绞杠，刮削用的平面刮刀和曲面刮刀以及各种扳手等。

常用量具有直尺、刀口形直尺、游标卡尺、千分尺、90°角尺、角度尺、塞尺和百分表等。

五、安全和文明生产的基本要求

（1）钳工设备的布局：钳台要放在便于工作和光线适宜的地方；钻床和砂轮机一般应安装在场地的边缘，以保证安全。

（2）使用的机床、工具要经常检查，发现损坏应及时上报，在未修复前不得使用。

（3）使用电动工具时，要有绝缘防护和安全接地措施。使用砂轮时，要戴好防护眼镜。在钳台上进行錾削时，要有防护网。清除切屑要用刷子，不要直接用手清除或用嘴吹。

（4）毛坯和加工零件应放置在规定位置，排列整齐；应便于取放，并避免碰伤已加工的表面。工、量具的安放应按下列要求布置。

①在钳台上工作时，为了取用方便，右手取用的工、量具放在右边，左手取用的工、量具放在左边，各自排列整齐，且不能使其伸到钳台边以外。

②量具不能与工具或工件混放在一起，应放在量具盒内或专用格架上。

③常用的工、量具要放在工件位置附近。

④工、量具收藏时要整齐地放入工具箱内，不应任意堆放以防损坏和取用不便。

六、钳工的基本操作

(一) 划线

根据图纸要求,在毛坯或半成品上划出加工图形或加工界限的操作称为划线。

1. 划线的种类和作用

划线可分为平面划线和立体划线两种。平面划线是在工件的一个平面上划线;立体划线是在工件几个不同方位的表面上划线。

划线的作用是:通过划线检查毛坯的形状和尺寸是否合格;合理分配毛坯表面的加工余量,以保证它们之间的相互位置精度;划好的线是加工或安装工件的依据。

2. 划线的基准

划线基准是划线时用于确定工件各加工表面位置的点、线或面,因此必须正确地选择。

如可能应选择已加工过的表面作为划线基准,以保证各加工面间的位置精度和尺寸精度。如毛坯尚未加工过,则要选择重要孔的轴线为基准,没有重要孔时,可选择较大的平面为基准。

3. 划线方法

平面划线与平面作图的方法相似,只是所用的工具不同。平面划线用钢直尺、90°角尺、划针和划规等。

立体划线主要用直接翻转工件法,可以对工件进行全面检查,并能在任意表面上划线。其缺点是调整或找正困难,工作效率低,劳动强度大。

(二) 锯切

锯切是用手锯把工件锯断或锯出沟槽的操作。手锯由锯弓和锯条组成。在锯弓上安装锯条时,锯齿必须向前,锯条安装不能过紧或过松,否则容易折断。

1. 锯条的种类及应用

锯条按锯齿的大小(每25mm长度内的齿数)分为粗齿(14~18齿)、中齿(24齿)和细齿(32齿)。粗齿适于锯铜、铝等软金属及厚工件;中齿用于加工普通钢、铸铁及中等厚度工件;细齿适于锯硬钢、板料及薄壁管。

2. 锯切的方法

工件夹持在虎钳上,伸出钳口不应过长,以免锯切时产生振动。夹持圆管或圆形工件时,应用带有V形槽的夹块。

锯切时应注意起锯、锯切压力和往返长度。开始时往返行程要短,压力要轻，速度要慢，锯条要与工件表面垂直。锯成锯口后，往返行程要长，返回时不要施压。快锯断时，用力要轻，速度要慢，行程要短。

(三) 锉削

锉削是用锉刀对工件表面进行加工的操作。它多用于锯切之后，加工各种各样的表面，如平面、内外曲面、形孔和沟槽等。

1. 锉刀的种类及应用

锉刀是由碳素工具钢制成的，根据工作部分长度划分规格，常用的有100mm、150mm、200mm、250mm、300mm等几种规格。

锉刀锉纹多制成交错排列的双纹，以便锉时省力，锉面不易堵塞。

锉刀的粗细是以锉面上每10mm长度锉齿数来划分的。粗齿锉（4～12齿）的齿距大，不宜堵塞，适于锉铜、铝等软金属；中齿锉（13～24齿）齿距适中，适于粗锉后加工；细齿锉（30～40齿）适于锉光或锉硬金属；油光锉（50～62齿）只用于修光平面。

根据形状不同，普通锉刀分为平（板）锉、半圆锉、方锉、三角锉及圆锉等。除普通锉刀外，还有整形锉（亦称什锦锉）和特种锉等。

2. 平面锉削方法

锉平面是锉削中最基本的操作。要锉出平直的平面，必须使锉刀的运动保持水平。平直是在锉削过程中逐渐调整两手的压力来达到的。粗锉时可用交叉锉法，这样不仅锉得快，而且在工件锉面上能显示出高低不平的痕迹来，因此容易锉出平直的平面。粗锉后用顺锉法锉出单向锉纹并锉光。

顺锉法是一种常用的锉削方法，用于锉削不大的工件和最后精锉。如果工件表面狭长或加工表面前有凸台，可用推锉法，但效率低，主要用于提高工件表面的光滑程度和修正尺寸。

检验工件尺寸用钢直尺或游标卡尺。检验平面的平面度和垂直度用90°角尺。

(四) 刮削

刮削是用刮刀从工件表面刮去很薄一层金属的操作。刮削多在切削加工之后进行，刮去表面突出的高点，改善工件表面质量，使两配合表面均匀接触，并形成油膜，减少摩擦。

1. 刮刀的种类及应用

常用刮刀有平面刮刀和三角刮刀，它们由碳素工具钢或轴承钢制成。平面刮刀的端部在砂轮上磨出刃口再用油石磨光，主要用于刮削平面，如工作台台面、导轨面等。刮削时右手握住刀柄，推动刮刀；左手放在靠近刮刀端部的位置，引导刮削方向并加压。刮刀作直线运动，推出去是切削，收回是空行程。

刮削时用力要均匀，刮刀要拿稳。

2. 刮削精度和检验方法

刮削精度通常用研点法检验，所用工具为标准平板。在工件表面均匀地涂上一层很薄的红丹油，然后将工件放在标准平板上配研。配研后，工件表面上的高点因磨去红丹油而显出亮点（即贴合点）。刮去亮点再配研。这样反复进行，直到满足精度要求为止。

刮削表面的精度是以 25mm×25mm 内均匀分布的研点数来表示的。普通机床导轨面要求 8~10 个点，更精密的为 12~15 个点。研点越多，表示工件表面的接触精度越高。

3. 刮削方法

平面刮削分粗刮和精刮两种。当工件表面有显著的加工痕迹或加工余量较大时，要先进行粗刮，这样可以避免研点时刮伤平板。粗刮时，刮削痕迹要连成片，刮削方向与残留刀痕方向成 45°左右，多次刮削的方向要交叉。当切削加工刀痕刮除后，即可研点子。直到工件表面上的贴合点增至（在 25mm×25mm 内）4~5 个后，开始精刮。

精刮时用较窄的刮刀把已经贴合点的点子一个一个刮去，使一个点变成几个点，从而增加贴合点的数目，直至达到要求为止。刮削后的平面应该有细致而均匀的网纹，不应有刮伤和落刀的痕迹。

曲面刮削与平面刮削一样，用标准心轴在曲面（如轴瓦）上研点子，直到刮削部位符合要求为止。

（五）攻丝

攻丝是用丝锥加工内螺纹的操作。丝锥的工作部分由切削部分和校准部分组成。切削部分的作用是切去孔内螺纹牙间的金属；校准部分的作用是修光螺纹和引导丝锥。M8~M24 的手用丝锥一般是两支为一组，小于 M8 和大于 M24 的多制成三支一组，分别称头锥、二锥和三锥。头锥的作用是进行主要切削，将螺纹加工到接近尺寸；二锥、三锥的作用主要是进行螺纹的校准和修光，加工到应有的尺寸和精度。

攻丝时，将头锥头部垂直放入孔内，转动铰杠，适当加压，直至切削部分全部进入后，可以用两手平稳地转动铰杠，每转 1~2 圈倒转 1/4 圈，以便断屑。在钢件上攻丝要加机油润滑，在铸铁件上攻丝可以加煤油润滑，然后依次用二锥、三锥攻制螺纹（先用手将丝锥旋入孔内，旋不动时再用铰杠，此时不必施压）。

（六）套扣

套扣是用板牙切出外螺纹的操作。

1. 板牙和板牙架

板牙有固定式和开缝式（可调式）两种。开缝式板牙的螺纹孔径的大小可作微量调节。孔两端有 60°锥度，主要起切削作用。中间一段是校准和导向部分。

套扣时用板牙架夹持板牙，并带动其旋转。

2. 套扣方法

套扣前应检查圆杆直径的大小。圆杆端部套扣必须有倒角。套扣时板牙端面与圆杆垂直，开始转动板牙时稍加压力，套入几扣后只转动不加压，时常倒转，以便断屑。钢件套扣时，应加机油润滑。

第三节 铣削加工

一、铣床与铣削过程

铣削加工（简称铣削）是在铣床上利用铣刀对工件进行切削加工的工艺过程。铣削是平面加工的主要方法之一。铣削可以在卧式铣床、立式铣床、龙门铣床、工具铣床以及各种专用铣床上进行。对于单件、小批量生产中的中小型零件，卧式铣床和立式铣床最常用。前者的主轴与工作台台面平行，后者的主轴与工作台面垂直，它们的基本部件大致相同。龙门铣床的结构与龙门刨床相似，其生产率较高，广泛应用于批量生产的大型工件，也可同时加工多个中小型工件。

铣削时，铣刀做旋转的主运动，工件由工作台带动做纵向或横向或垂直进给运动。铣削要素包括铣削速度、进给量、铣削深度、铣削宽度、切削厚度、切削宽度和切削面积。铣削时，铣刀有多个齿同时参加切削，故铣削时的切削面积应为各刀齿切削面积的总和。在铣削过程中，由于切削厚度是变化的，切削宽度有时也是变化的，因而切削面积也是变化的，其结果势必引起铣削力的变化，使铣刀的负荷不均匀，在工作中易引起振动。

二、铣削方式

铣平面可以用端铣，也可以用周铣。用周铣铣平面又有逆铣与顺铣之分。在选择铣削方法时，应根据具体的加工条件和要求，选择适当的铣削方式，以便保证加工质量和提高生产率。

(一) 端铣与周铣

利用铣刀圆周齿切削的称为周铣，利用铣刀端部齿切削的称为端铣。端铣与周铣比较具有下列特点。

1. 端铣的生产率高于周铣

端铣用的端铣刀大多数镶有硬质合金刀头，且刚性较好，可采用大的铣削用量。而周铣用的圆柱铣刀多用高速钢制成，其刀轴的刚性较差，使铣削用量，尤其是铣削速度受到很大的限制。

2. 端铣的加工质量比周铣好

端铣时可利用副切削刃对已加工表面进行修光，只要选取合适的副偏角，可减少残留面积，减小表面粗糙度。而周铣时只有圆周刃切削，已加工表面实际上是由许多圆弧组成，表面粗糙度较大。

3. 周铣的适应性比端铣好

周铣能用多种铣刀铣削平面、沟槽、齿形和成形面等，适应性较强。而端铣只适宜端铣刀或立铣刀端刃切削的情况，只能加工平面。

综上所述，端铣的加工质量好，在大平面的铣削中目前大都采用端铣；周铣的适应性较强，多用于小平面、各种沟槽和成形面的铣削。

(二) 逆铣与顺铣

当铣刀和工件接触部分的旋转方向与工件的进给方向相反时称为逆铣；当铣刀和工件接触部分的旋转方向与工件的进给方向相同时称为顺铣。逆铣与顺铣比较分别具有下列特点。

1. 逆铣时

铣削厚度从零到最大。刀刃在开始时不能立刻切入工件，而要在工件已加工表面上滑行一小段距离，这样一来，会使刀具磨损加剧，工件表面冷硬程度加重，加工表面质量下降。

工件所受的垂直分力方向向上，对工件起上抬作用，不仅不利于压紧工件，还会引起振动。

水平分力与进给方向相反，因此，工作台进给丝杠与螺母之间在切削过程中总是保持紧密接触，不会因为间隙的存在而使工作台左右窜动。

2. 顺铣时

铣削厚度从最大到零。不存在逆铣时的滑行现象，刀具磨损小，工件表面冷硬程度较轻。在刀具耐用度相同的情况下，顺铣可提高铣削速度30％左右，可获得较高的生产率。

工件所受的垂直分力方向向下，有助于压紧工件，铣削比较平稳，可提高加工表面质量。

水平分力的方向与工作台的进给方向相同,而工作台进给丝杠与固定螺母之间一般都存在间隙。因此,当忽大忽小的水平分力值较小时,丝杠与螺母之间的间隙位于右侧,而当水平分力值足够大时,就会将工作台连同丝杠一起向右拖动,使丝杠与螺母之间的间隙位于左侧。这样在加工过程中,水平分力的大小变化会使工作台忽左忽右来回窜动,造成切削过程的不平稳,导致啃刀、打刀甚至损坏机床。

综上所述,顺铣有利于提高刀具耐用度和工件夹持的稳定性,从而可提高工件的加工质量,故当加工无硬皮的工件,且铣床工作台的进给丝杆和螺母之间具有间隙消除装置时,采用顺铣为好。反之,如果铣床没有上述间隙消除装置,则在加工铸、锻件毛坯面时,采用逆铣为妥。

三、铣削加工的工艺特点及应用

(一) 铣削的工艺特点

1. 生产率较高

铣刀是典型的多齿刀具,铣削时有多个刀齿同时参加工作,并可利用硬质合金镶片铣刀,有利于采用高速铣削,且切削运动是连续的,因此,与刨削加工相比,铣削加工的生产率较高。

2. 刀齿散热条件较好

铣刀刀齿在切离工件的一段时间内可得到一定程度的冷却,有利于刀齿的散热。但由于刀齿的间断切削,使每个刀齿在切入及切出工件时,不但会受到冲击力的作用,而且还会受到热冲击,这将加剧刀具的磨损。

3. 铣削时容易产生振动

铣刀刀齿在切入和切出工件时易产生冲击,并将引起同时参加工作的刀齿数目的变化,即使对每个刀齿而言,在铣削过程中的铣削厚度也是不断变化的,因此刀齿数目的变化会使铣削过程不够平稳,影响加工质量。与刨削加工相比,除宽刀细刨外,铣削的加工质量与刨削大致相当,一般经粗加工、精加工后都可达到中等精度。

由于上述特点,铣削既适用于单件、小批量生产,也适用于大批、大量生产;而刨削多用于单件、小批量生产及修配工作中。

(二) 铣削加工的应用

铣床的种类、铣刀的类型和铣削的形式均较多,加之分度头、圆形工作台等附件的应用,铣削加工的应用范围较广。

(三) 分度及分度加工

铣削四方体、六方体、齿轮、棘轮以及铣刀、铰刀类多齿刀具的容屑槽等表面时，每铣完一个表面或沟槽，工件必须转过一定的角度，然后再铣削下一个表面或沟槽，这种工作通常称为分度。分度工作常在万能分度头上进行。常用的分度方法，是通过分度头内部的传动系统来实现的。

进行简单分度时，分度盘用固紧螺钉固定。由传动系统可知，当手柄转 1 转时，主轴只转 1/40r，当对工件进行 z 等分时，每次分度，主轴转数为 1/z 圈，由此可得手柄转数为 n＝40/z。例如，某齿轮齿数为 z＝36，则每次分度手柄转数应为：n＝40/z＝40/36＝（1＋1/9r）。即每次分度手柄应转 1 整圈又 1/9 圈，其中 1/9 圈为非整数圈，须借助分度盘进行准确分度。分度头一般备有两块分度盘。分度盘的正反两面有许多圈小孔，各圈孔数不同，但同一圈上的孔距相等。两块分度盘各圈的孔数如下：

第一块正面为：24，25，28，30，34，37；反面为：38，39，41，42，43。

第二块正面为：46，47，49，51，53，54；反面为：57，58，59，62，66。

为了获得 1/9r，应选择孔数为 9 的倍数的孔圈。若选 54 孔的孔圈，则每次分度时，手柄转 1 整圈再转 6 个孔距，此时可调整分度盘上的扇形的夹角，使其所夹角度相当于欲分的孔距数，这样依次分度就可准确无误。

第四节 刨削及磨削

一、刨削加工

刨削加工是在刨床上用刨刀加工工件的工艺过程。刨削是平面加工的主要方法之一。

（一）刨床与刨削运动

刨削加工可在牛头刨床或龙门刨床上进行。

在牛头刨床上加工时，刨刀的纵向往复直线运动为主运动，工件随工作台做横向间歇进给运动。其最大的刨削长度一般不超过 1000mm，因此，它适合加工中小型工件。

在龙门刨床上加工时，工件随工作台的往复直线运动为主运动，刀架沿横梁或立柱做间歇的进给运动。由于其刚性好，而且有 2～4 个刀架可同时工作，因此，它主要用来加工大型工件，或同时加工多个中小型工件。其加工精度和生产率均比牛头刨床高。

(二) 刨床的主要工作

刨削主要用来加工平面（水平面、垂直面及斜面），也广泛用于加工沟槽（如直角槽、V形槽、T形槽、燕尾槽），如果进行适当的调整或增加某些附件，还可以加工齿条、齿轮、花键和母线为直线的成形面等。

(三) 刨削的工艺特点及应用

第一，机床与刀具简单，通用性好。刨床结构简单，调整、操作方便；刨刀制造和刃磨容易，加工费用低；刨床能加工各种平面、沟槽和成形表面。

第二，刨削精度低。由于刨削为直线往复运动，切入、切出时有较大的冲击振动，影响了加工表面质量。刨平面时，两平面的尺寸精度一般为 IT8～IT9，表面粗糙度值 R_a 为 1.6～6.3μm。在龙门刨床上用宽刃刨刀，以很低的切削速度精刨时，可以提高刨削加工质量，表面粗糙度值 R_a 达 0.4～0.8μm。

第三，生产率较低。因为刨刀为单刃刀具，刨削时有空行程，且每往复行程伴有两次冲击，从而限制了刨削速度的提高，使刨削生产率较低。但在刨削狭长平面或在龙门刨床上进行多件、多刀切削时，则有较高的生产率。因此，刨削多用于单件、小批量生产及修配工作中。

二、磨削加工

(一) 砂轮

磨削加工（简称磨削）是一种以砂轮作为切削工具的精密加工方法。砂轮是由磨料和结合剂黏结而成的多孔物体。

砂轮的特性包括磨料、粒度、结合剂、硬度、组织、形状和尺寸等方面。砂轮的特性对加工精度、表面粗糙度和生产率影响很大。在标注砂轮时，砂轮的各种特性指标按形状代号、尺寸、磨料、粒度、硬度、组织、结合剂、（允许的）最大速度的顺序书写。

1. 磨料

磨料是砂轮和其他磨具的主要原料，直接担负切削工作。磨料应具有高硬度、高耐热性和一定的韧性，在切削过程中受力破碎后还要能形成尖锐的棱角。常用的磨料主要有三大类：刚玉类、碳化硅类和超硬类。

2. 粒度

粒度是指磨料颗粒（磨粒）的大小。磨粒的大小用粒度号表示，粒度号数字越大，磨粒越小。磨料粒度的选择，主要与加工精度、加工表面粗糙度、生产率以及工件的硬度有关。一般来说，磨粒越细，磨削的表面粗糙度值越小，生产率越低。粗磨时，要求磨削余量大，表面粗糙度较大，而粗磨的砂轮具有较大的气孔，不易堵塞，可采用较大的磨削深度来获得较高的生产率，因此，可选较粗的磨粒（36♯～60♯）；精磨时，要求磨削余量很小，表面粗糙度很小，须用较细的磨粒（60♯～120♯）。对于硬度低、韧性大的材料，为了避免砂轮堵塞，应选用较粗的磨粒。对于成形磨削，为了提高和保持砂轮的轮廓精度，应选用较细的磨粒（100♯～280♯）。镜面磨削、精细珩磨、研磨及超精加工一般使用微粉。

3. 结合剂

结合剂的作用是将磨料黏合成具有一定强度和形状的砂轮。砂轮的强度、抗冲击性、耐热性及抗腐蚀能力主要取决于结合剂的性能。

4. 硬度

砂轮的硬度和磨料的硬度是两个不同的概念。砂轮的硬度是指砂轮表面上的磨粒在外力作用下脱落的难易程度。容易脱落的为软砂轮，反之为硬砂轮。同一种磨料可做成不同硬度的砂轮，这主要取决于结合剂的性能、比例以及砂轮的制造工艺。通常，磨削硬材料时，砂轮硬度应低一些；反之，应高一些。有色金属韧性大，砂轮孔隙易被磨屑堵塞，一般不宜磨削。若要磨削，则应选择较软的砂轮。对于成形磨削和精密磨削，为了较好地保持砂轮的形状精度，应选择较硬的砂轮。一般磨削常采用中软级至中硬级砂轮。

5. 组织

砂轮的组织是指砂轮中磨料、结合剂、气孔三者体积的比例关系。砂轮的组织号是由磨料所占百分比来确定的。磨料所占体积越大，砂轮的组织越紧密；反之，组织越疏松。为了保证较高的几何形状和较低的表面粗糙度，成形磨削和精密磨削采用0～4级组织的砂轮；磨削淬火钢及刃磨刀具，采用5～8级组织的砂轮；磨削韧性大而硬度较低的材料，为了避免堵塞砂轮，采用9～12级组织砂轮。

6. 砂轮形状

根据机床类型和磨削加工的需要，将砂轮制成各种标准的形状。

（二）磨削过程

磨削是用分布在砂轮表面上的磨粒进行切削的。每一颗磨粒的作用相当于一把车刀，整个砂轮的作用相当于具有很多刀齿的铣刀，这些刀齿是不等高的，具有不同的几何形状和切削角度。比较凸出和锋利的磨粒，可获得较大的切削深度，能切下一层材料，具有切削作用；凸出较小或磨钝的磨粒，只能获得较小的切削深度，在工件表面上划出一道细微的沟纹，工件材料被挤向两旁而隆起，但不能切下一层材料；凸出很小的磨粒，没有获得切削深度，既不能在工件表面上划出一道细微的沟纹，也不能切下一层材料，只对工件表面产生滑擦作用。对于那些起切削作用的磨粒，刚开始接触工件时，由于切削深度极小，磨粒切削能力差，在工件表面上只是滑擦而过，工件表面只产生弹性变形；随着切削深度的增大，磨粒与工件表面之间的压力增大，工件表层逐步产生塑性变形而刻划出沟纹；随着切削深度的进一步增大，被切材料层产生明显滑移而形成切屑。

综上所述，磨削过程就是砂轮表面上的磨粒对工件表面的切削、划沟和滑擦的综合作用过程。砂轮表面上的磨粒在高速、高温与高压下，逐渐磨损而钝化。钝化磨粒的切削能力急剧下降，如果继续磨削，作用在磨粒上的切削力将不断增大。当此力超过磨粒的极限强度时，磨粒就会破碎，形成新的锋利棱角进行磨削。当此力超过砂轮结合剂的黏结强度时，钝化磨粒就会自行脱落，使砂轮表面露出一层新鲜锋利的磨粒，从而使磨削加工能够继续进行。砂轮的这种自行推陈出新、保持自身锐利的性能称为自锐性。不同结合剂的砂轮其自锐性不同，陶瓷结合剂砂轮的自锐性最好，金属结合剂砂轮的自锐性最差。在砂轮使用一段时间后，砂轮会因磨粒脱落不均匀而失去外形精度或被堵塞，此时砂轮必须进行修整。

（三）磨削的工艺特点

与其他加工方法相比，磨削加工具有以下特点。

1. 加工精度高、表面粗糙度小

由于磨粒的刃口半径小，能切下一层极薄的材料；又由于砂轮表面上的磨粒多，磨削速度高，同时参加切削的磨粒很多，在工件表面上形成细小而致密的网络磨痕，再加上磨床本身的精度高、液压传动平稳，因此，磨削的加工精度高，表面粗糙度小。

2. 磨削温度高

由于具有较大负前角的磨粒在高压和高速下对工件表面进行切削、划沟和滑擦作用，砂轮表面与工件表面之间的摩擦非常严重，消耗功率大，产生的切削热多。又由于砂轮本身的导热性差，因此，大量的磨削热在很短的时间内不易传出，使磨削区的温度升高，有时高达800～1000℃。高的磨削温度容易烧伤工件表面。干磨淬火钢工件时，会使工件退火，硬度降低；湿磨淬火钢工件时，如果切削液喷注不充分，可能出现二次淬火烧伤，即夹层烧伤。因此，磨削时，必须向磨削区喷注大量的磨削液。

3. 砂轮有自锐性

砂轮的自锐性可使砂轮进行连续加工，这是其他刀具没有的特性。

（四）普通磨削方法

1. 外圆磨削

外圆磨削通常作为半精车后的精加工。外圆磨削有纵磨法、横磨法、深磨法和无心外圆磨法四种。

（1）纵磨法

在普通外圆磨床或万能外圆磨床上磨削外圆时，工件随工作台做纵向进给运动，每个单行程或往复行程终了时砂轮做周期性的横向进给，这种方式称为纵磨。由于纵磨时的磨削深度较小，所以磨削力小，磨削热少。当磨到接近最终尺寸时，可做几次无横向进给的光磨行程，直至火花消失为止。一个砂轮可以磨削不同直径和不同长度的外圆表面。因此，纵磨法的精度高，表面粗糙度R_a值小，适应性好，但生产率低。纵磨法广泛用于单件、小批量和大批、大量生产中。

（2）横磨法

在普通外圆磨床或万能外圆磨床上磨削外圆时，工件不做纵向进给运动，砂轮以缓慢的速度连续或断续地向工件做横向进给运动，直至磨去全部余量为止。这种方式称为横磨法，也称为切入磨法。横磨法生产率高，但工件与砂轮的接触面大，发热量大，散热条件差，工件容易发生热变形和烧伤现象。横磨法的径向力很大，工件更易产生弯曲变形。由于无纵向进给运动，工件表面易留下磨削痕迹，因此，有时在横磨的最后阶段进行微量的纵向进给以减小磨痕。横磨法只适宜磨削大批、大量生产的、刚性较好的、精度较低的、长度较短的外圆表面以及两端都有台阶的轴颈。

（3）深磨法

磨削时采用较小的进给量（一般取 1～2mm/r），较大的磨削深度（一般为 0.3mm 左右），在一次切削行程中切除全部磨削余量。深磨所使用的砂轮被修整成锥形，其锥面上的磨粒起粗磨作用；直径大的圆柱表面上的磨粒起精磨与修光作用。因此，深磨法的生产率较高，加工精度较高，表面粗糙度较低。深磨法适用于大批、大量生产的、刚度较大工件的精加工。

（4）无心外圆磨法

磨削时，工件放在两轮之间，下方有一托板。大轮为工作砂轮，旋转时起切削作用；小轮是磨粒极细的橡胶结合剂砂轮，称为导轮。两轮与托板组成 V 形定位面托住工件。为了使工件定位稳定，并与导轮有足够的摩擦力矩，必须把导轮与工件接触部位修整成直线。因此，导轮圆周表面为双曲线回转面。无心外圆磨削在无心外圆磨床上进行。无心外圆磨床生产率很高，但调整复杂；不能校正套类零件孔与外圆的同轴度误差；不能磨削具有较长轴向沟槽的零件，以防外圆产生较大的圆度误差。因此，无心外圆磨法主要用于大批、大量生产的细长光轴、轴销和小套等。

2. 内圆磨削

内圆磨削在内圆磨床或无心内圆磨床上进行，其主要磨削方法有纵磨法和横磨法。

（1）纵磨法

纵磨法的加工原理与外圆的纵磨法相似，纵磨法需要砂轮旋转、工件旋转、工件往复运动和砂轮横向间隙运动。

（2）横磨法

横磨法的加工原理与外圆的横磨法基本相同，其不同的是砂轮的横向进给是从内向外。

与外圆磨削相比，内圆磨削主要有下列特征。

① 磨削精度较难控制

因为磨削时砂轮与工件的接触面积大，发热量大，冷却条件差，工件容易产生热变形，特别是因为砂轮轴细长，刚性差，易产生弯曲变形，造成圆柱度（内圆锥）误差。因此，一般需要减小磨削深度，增加光磨次数。内圆磨削的尺寸公差等级可达IT6～IT8。

② 磨削表面粗糙度 R_a 大

内圆磨削时砂轮转速一般不超过 20000r/min。由于砂轮直径很小，外圆磨削时其线速度很难达到30～50m/s。内圆磨削的表面粗糙度 R_a 值一般为0.4～1.6μm。

③ 生产率较低

因为砂轮直径很小，磨耗快，冷却液不易冲走屑末，砂轮容易堵塞，故砂轮需要经常修整或更换。此外，为了保证精度和表面粗糙度，必须减小磨削深度和增加光磨次数，也必然影响生产率。

基于以上情况，在某些生产条件下，内圆磨削常被精镗或铰削所代替。但内圆磨削毕竟还是一种精度较高、表面粗糙度较低的加工方法，能够加工高硬度材料，且能校正孔的轴线偏斜。因此，有较高技术要求的或具有台肩而不便进行铰削的内圆表面，尤其是经过淬火的零件内孔，通常还要采用内圆磨削。

第五章 制造自动化及其应用

第一节 自动化制造系统技术方案

自动化制造系统技术方案的制定是在综合考虑被加工零件种类、批量、年生产纲领和零件工艺特点的基础上，结合工厂实际条件，包括工厂技术条件、资金情况、人员构成、任务周期、设备状况等约束条件，建立生产管理系统方案。

一、自动化制造系统技术方案的制定

（一）自动化制造系统技术方案的内容

自动化制造系统技术方案包括如下几方面内容。

（1）根据加工对象的工艺分析，确定加工工艺方案。

（2）根据年生产纲领，核算生产能力，确定加工设备品种、规格及数量配置。

（3）按工艺要求、加工设备及控制系统性能特点，对国内外市场可供选择的工件输送装置的市场情况和性能价格状况进行分析，最后确定出工件输送及管理系统方案。

（4）按工艺要求、加工设备及刀具更换的要求，对国内外市场可供选择的刀具更换装置的类型作综合分析，最后确定出刀具输送更换及管理系统方案。

（5）按自动化制造系统目标、工艺方案的要求，确定必要的清洗、测量、切削液的回收、切屑处理及其他特殊处理设备的配置。

（6）根据自动化制造系统目标和系统功能需求，结合计算机市场可供选择的机型及其性能价格状况，以及本企业已有资源及基础条件等因素，综合分析确定系统控制结构及配置方案。

（7）根据自动化制造系统的规模、企业生产管理基础水平及发展目标，综合分析确定出数据管理系统方案；如果企业准备进一步推广应用 CIMS 技术，

则统筹规划配置商用数据库管理系统是合理的，也是必要的。

（8）根据控制系统的结构形式、自动化制造系统的规模及企业技术发展目标，综合分析确定通信网络方案。

（二）确定自动化制造系统的技术方案时需要注意的问题

（1）必须坚持走适合我国国情的自动化制造系统发展道路在规划和实施自动化制造系统过程中，必须针对我国的实际情况，绝不能生搬硬套国外的模式。就我国制造业的整体水平来看，与工业发达国家尚有较大差距，主要表现如下。

①自动化程度低工业发达国家已普及制造自动化技术，并向着以计算机控制的柔性化、集成化、智能化为特征的更高层次的自动化阶段发展，而我国制造企业的自动化水平相对较低。

②企业管理方式落后一些工业发达国家已十分普遍地应用了企业资源计划、准时生产等现代管理技术和系统，进入了广泛应用计算机辅助生产管理的阶段。同时，各种新的生产模式、组织与管理方式不断涌现，出现了诸如并行工程、精益生产、敏捷制造等新模式。而我国大多数企业尚未建立起现代科学管理体系，全面实施计算机辅助生产管理的企业更少。在这种管理现状下，采用自动化制造系统经常会遇到基础数据标准化程度低，数据残缺不全等问题。

③职工素质急需提高一些企业的职工，甚至高层管理人员，在普及现代高科技和管理技术时思想观念还较陈旧。

以上是影响采用自动化制造系统的不利因素。规划自动化制造系统时，必须扬长避短，采用适合国情和厂情的战略和措施。

（2）始终保持需求驱动、效益驱动的原则采用自动化制造，只有真正解决企业的"瓶颈"问题，使企业收到实效，才会有生命力。

（3）加强关键技术的攻关和突破在自动化制造系统实施过程中必然会遇到许多技术问题，在这种情况下要集中优势兵力突破关键技术，才能使系统获得成功。

（4）重视管理既要重视管理体制对自动化制造系统实施的影响，也要加强对实施自动化制造系统工程本身的管理。只有二者兼顾，自动化制造系统的实施才会成功。

（5）注重系统集成效益如果企业还要发展应用CIMS，那么自动化制造系统只是CIMS的一个子系统，除了自动化制造系统本身优化外，CIMS的总体效益最优才是最终目标。

（6）注重教育与人才培训采用自动化制造系统技术要有雄厚的人力资源作为保障，因此，只有重视教育，加强对工程技术人员及管理人才的培训，才能使自动化制造系统充分发挥应有的作用。

二、自动化加工工艺方案设计的主要问题

（一）自动化加工工艺的基本内容与特点

1. 自动化加工工艺方案的基本内容

随着机械加工自动化程度的发展，自动化加工的工艺范围也在不断扩大。自动化加工工艺的基本内容包括大部分切削加工，如车削、钻削、液压加工等；还有部分非切削加工也能实现自动化加工，如自动检测、自动装配等工艺内容。

2. 自动化加工工艺方案的特点

（1）自动化加工中的毛坯精度比普通加工要求高，并且在结构工艺性上要考虑适应自动化加工需要。

（2）自动化加工的生产率比采用万能机床的普通加工一般要高几倍至几十倍。

（3）自动化加工中的工件加工精度稳定，受人为影响因素小。

（4）自动化加工系统中切削用量的选择，以及刀具尺寸控制系统的使用，是以保证加工精度、满足一定的刀具耐用度、提高劳动生产率为目的的。

（5）在多品种小批量的自动化加工中，在工艺方案上考虑以成组技术为基础，充分发挥数控机床等柔性加工设备在适应加工品种改变方面的优势。

（二）实现加工自动化的要求

加工过程自动化的设计和实施应满足以下要求。

（1）提高劳动生产率。提高劳动生产率是评价加工过程自动化是否优于常规生产基本标准，而最大生产率是建立在产品的制造单件时间最少和劳动量最小的基础上。

（2）稳定和提高产品质量。产品质量的好坏，是评价产品本身和自动加工系统是否有使用价值的重要标准。产品质量的稳定和提高是建立在自动加工、自动检验、自动调节、自动适应控制和自动装配水平的基础上的。

（3）降低产品成本和提高经济效益。产品成本的降低，不仅能减轻用户的负担，而且能提高产品的市场竞争力，而经济效益的增加才能使工厂获得更多的利润、积累资金和扩大再生产。

（4）改善劳动条件和实现文明生产。采用自动化加工必须符合减轻工人劳动强度、改善职工劳动条件、实现文明生产和安全生产的标准。

（5）适应多品种生产的可变性及提高工艺适应性程度。随着生产技术的发展，以及人们对设备的使用性能和品种的要求的提高，产品更新换代加快，因

此自动化加工设备应具有足够的可变性和产品更新后的适应性。

(三) 成组技术在自动化加工中的应用

成组技术就是将企业生产的多种产品、部件和零件按照特定的相似性准则(分类系统)分类归类,并在分类的基础上组织产品生产的各个环节,从而实现产品设计、制造工艺和生产管理的合理化。成组技术是通过对零件之间客观存在的相似性进行标识,按相似性准则将零件分类归接来达到上述目的的。零件的工艺相似性包括装夹、工艺过程和测量方式的相似性。

在上述条件下,零件加工就可以采用该组零件的典型工艺过程,成组可调工艺装备(刀具、夹具和量具)来进行,不必设计单独零件的工艺过程和专用工艺装备,从而显著减少了生产准备时间和准备费用,也减少了重新调整的时间。

采用成组技术不仅可使工件按流水作业方式生产,且工位间的材料运输和等待时间以及费用都可以减少,并简化了计划调度工作,在流水生产条件下,显然易于实现自动化,从而提高了生产率,降低了成本。

必须指出的是,在成组加工条件下,形状、尺寸及工艺路线相似的零件,合在一组在同一批中制造;有时会出现某些零件早于或迟于计划日期完成,从而使零件库存费用增加的情况,但这个缺点在制成全部成品时就可能排除。

1. 成组技术在产品设计中的应用

通过成组技术可以将设计信息重复使用,不仅能显著缩短设计周期和减少设计工作量,同时还为制造信息的重复使用创造了条件。

成组技术在产品设计中的应用,不仅是零件图的重复使用,其更深远的意义是为产品设计标准化明确了方向,提供了方法和手段,并可获得巨大的经济效益。以成组技术为基础的标准化是促进产品零部件通用化、系列化、规格化和模块化的杠杆,其目的如下。

(1) 产品零件的简化,即用较少的零件满足多样化的需求。

(2) 零件设计信息的多次重复使用。

(3) 零件设计为零件制造的标准化和简化创造了前提。

根据不同情况,可以将零件标准化分成零件主要尺寸的标准化、零件中功能要素配置的标准化、零件基本形状标准化、零件功能要素标准化乃至整个零件是标准件等不同的等级,按实际需要加以利用,进一步在设计标准化的基础上实现工艺标准化。

2. 成组技术在车间设备布置中的应用

中小批生产中采用的传统"机群式"设备布置形式,由于物料运送路线的混乱状态,增加了管理的困难,如果按零件组(族)组织成组生产,并建立成组单元，机床就可以布置为"成组单元"形式。这样，物料流动直接从一台机床到另一台机床，不需要返回，既方便管理，又可将物料搬运工作简化，并将运送工作量降至最低。

3. 成组调整和成组夹具

回转体零件实现成组工艺的基本原则是调整的统一。如在多工位机床上加工时（如转塔车床、自动车床），调整的统一是夹具和刀具附件的统一，即采用相同条件下用同一套刀具及附件加工一组或几个组的零件。由于回转体零件所使用的夹具形式和结构差别不大，较易做到统一。因此，用同一套刀具及其附件是实现回转体零件成组工艺的基本要求。由于数控车削中心的进步及完善，在数控车削中心上很容易实现回转体零件的成组工艺。

非回转体零件实现成组工艺的基本原则之一是零件必须采用统一的夹具，即成组夹具。成组夹具是可调整夹具，即夹具的结构可分为基本部分（夹具体、传动装置等）和可调整部分（如定位元件、夹紧元件）。基本部分对某一零件组或同类数个零件组都适用不变。当加工零件组中的某个零件时，只需要调整或更换夹具上的可调整部分，即调整和更换少数几个定位或夹紧元件，就可以加工同一组中的任何零件。

现有夹具系统中，通用可调整夹具、专业化可调整夹具、组合夹具等均可作为成组夹具使用。采用哪一种夹具结构，主要根据批量的大小、加工精度的高低、产品的生命周期等因素决定。通常，零件组批量大、加工精度要求高时都采用专用化可调整夹具，零件组批量小时可采用通用调整夹具和组合夹具，如产品生命周期短则适合用组合夹具。

综上所述，基于成组技术的制造模式与计算机控制技术相结合，为多品种、小批量的自动化制造开辟了广阔的前景。因此，成组技术被称为现代制造系统的基础。

在自动化制造系统中采用成组技术的作用和效益主要体现在以下几个方面：

（1）利用零件之间的相似性进行归类，从而扩大了生产批量，可以以少品种、大批量生产的生产率和经济效益实现多品种、中小批量的自动化生产。

（2）在产品设计领域，提高了产品的继承性和标准化、系列化、通用化程度，大大减少了不必要的多样化和重复性劳动、缩短了产品的设计研制周期。

（3）在工艺装备领域，由于成组可调工艺装备（包括刀具、夹具和量具）的应用，大大减少了专用工艺装备的数量，相应地也减少了生产准备时间和费用。减少了由于工件类型改变而引起的重新调整时间，不仅降低了生产成本，也缩短了生产周期。

三、工艺方案的技术经济分析

(一) 自动化加工工艺方案的制订

工艺方案是确定自动化加工系统的工艺内容、加工方法；加工质量及生产率的基本文件，是进行自动化设备结构设计的重要依据。工艺方案制订的正确与否，关系到自动化加工系统的成败。所以，对于工艺方案的制订必须给予足够的重视，要密切联系实际，力求做到工艺方案可靠、合理、先进。

1. 工件毛坯

旋转体工件毛坯，多为棒料、锻件和少量铸件。箱体、杂类工件毛坯。多为铸件和少量锻件，目前箱体类工件更多地采用钢板焊接件。

供自动化加工设备加工的工件毛坯应采用先进的制造工艺，如金属模型、精密铸造和精密锻造等，以提高工件毛坯的精度。

工件毛坯尺寸和表面形状误差要小，以保证加工余量均匀。工件硬度变化范围要小，以保证刀具寿命稳定，有利于刀具管理。这些因素都会影响工件的加工工序和输送方式，影响精加工质量（尺寸精度、表面粗糙度）的稳定。

为了适合自动化加工设备加工工艺的特点，在制订方案时，可对工件和毛坯做某些工艺和结构上的局部修改。有时为了实现直接输送，在箱体、杂类工件上要做出某些工艺凸台、工艺销孔、工艺平面或工艺凹槽等。

2. 工件定位基面的选择

工件定位基准应遵循一般的工艺原则，旋转体工件一般以中心孔、内孔或外圆以及端面或台面作定位基准，直接输送的箱体工件一般以"两销一面"作为定位基准。此外，还需注意以下原则。

(1) 应当选用精基准定位，以减少在各工位上的定位误差。

(2) 尽量选用设计基准作为定位面，以减少由于两种基准的不重合而产生的定位误差。

(3) 所选的定位基准，应使工件在自动化设备中输送时转位次数最少，以减少设备数量。

(4) 尽可能地采用统一的定位基面，以减少安装误差，有利于实现夹具结构的通用化。

(5) 所选的定位基面应使夹具的定位夹紧机构简单。

(6) 对箱体、杂类工件，所选定位基准应使工件露出尽可能多的加工面，以便实现多面加工，确保加工面间的相对位置精度，且减少机床台数。

3. 直接输送时工件输送基面

(1) 旋转体工件输送基面旋转体工件输送方式通常为直接输送。

①小型旋转体工件，可借其重力，在输送料道中进行滚动和滑动输送。滚动输送一般以外因作为支承面，两端面为限位面，为防止输送过程中工件偏歪，要注意工件限位面与料槽之间保持合理的间隙。以防工件在料槽中倾斜、卡死。此外，两端支承处直径尺寸应接近一致，并使工件重心在两支承点的对称线处，轴类工件纵向滑动输送时以外因作为输送基面。

②若难于利用重力输送或为提高输送可靠性，可采用强迫输送。轴类工件以两端轴颈作为支承，用链条式输送装置输送，或以外因作支承从一端面推动工件沿料道输送。盘、环类工件以端面作为支承，用链板式输送装置输送。

（2）箱体工件输送基面箱体工件加工自动线的工件输送方式有直接输送和间接输送两种。直接输送工件不需随行夹具及其返回装置，并且在不同工位容易更换定位基准，在确定设备输送方式时，应优先考虑采用直接输送。

箱体类工件输送基面，一般以底面为输送面，两侧面为限位面．前后面为推拉面。当采用步进式输送装置输送工件时，输送面和两侧限位面在输送方向上应有足够的长度，以防止输送时工件偏斜。畸形工件采用抬起步进式输送装置输送时，工件重心应落在支承点包围的平面内。当机床夹具对工件输送位置有严格要求时，工件的推拉面与工件的定位基准之间应有精度要求。畸形工件采用抬起步伐式输送装置或托盘输送时，应尽可能使输送限位面与工件定位基准一致。

4．工艺流程的拟订

拟订工艺流程是制订自动化设备工艺方案工作中最重要的一步，直接关系到加工系统的经济效果及其工作的可靠性。

拟订工艺流程，主要解决以下两个问题。

（1）确定工件在加工系统中加工所需的工序

①正确地选择各加工表面的工艺方法及其工步数。

②合理地确定工序间的余置。

（2）安排加工顺序在安排加工顺序时，应依据以下原则。

①先面后孔先加工定位基面，后加工一般工序，先加工平面，后加工孔。

②粗精加工分开，先粗后精对于同一加工表面，粗、精加工工位应拉开一段距离，以避免切削热、机床振动、残余应力以及夹紧应力对精加工的影响。重要加工表面的创口工序应放在前面进行，以利于及时发现和剔除废品。

③工序的适当集中及合理分散这是拟定工艺方案时的重要原则之一。

工序集中可以提高生产率，减少加工系统的机床（工位）数量，简化加工系统的结构，从而带来设备投资、操作人员和占地面积的节约。工序集中，可以将有相互位置精度要求的加工表面，如阶梯孔、同心阶梯孔，以及平行、垂直或成一定角度的平面等，在同一台机床（工位）上加工出来，以保证几个工面的相互位置精度。

工序集中的方法一般采用成形刀具、复合式组合刀具、多刀、多轴、多面和多工件同时加工。工序集中应以能保证工件的加工精度，加工时不超出机床性能（刚度、功率等）允许范围为前提。集中程度以不使机床的结构和控制系统过于复杂和刀具更换与调整过于困难，造成系统故障增多，维修困难，停车时间加长，从而使设备利用率降低为限度。

合理的工序分散不仅能简化机床和刀具的结构，使加工系统便于调整、维护和操作，有时也便于平衡限制工序加工的节拍时间，提高设备的利用率。

④工序适当单一化镗大孔、钻小孔、攻螺纹等工序，尽可能不要安排在同一主轴箱上，以免传动系统过于复杂以及刀具调整、更换不便。攻螺纹工序最好安排在单独的机床上进行，必要时也可以安排为单独的攻螺纹工段，这样可以使机床结构简化，有利于切削液及切屑的处理。

⑤注意安排必要的辅助工序合理安排必要的检查、倒屑、清洗等辅助性工序，对于提高加工系统的工作可靠性、防止出现成批废品有重要意义。如在钻孔和攻螺纹后对孔深进行探测。

（6）多品种加工为提高加工系统的经济效果，对于批量不大而工艺外形、结构特点和加工部位相类似的工件，可采取多品种加工工艺，如采用可调式自动线或成组自动线来适应多品种工件的加工。

5. 工序节拍的平衡

当采用自动线进行自动化加工时，其所需的工序及其加工顺序确定了以后，还可能出现各工序的生产节拍不相符的情况。应尽量做到各个工位工作循环时间近似。平衡自动线各工序的节拍，可使各台设备最大限度地发挥生产效能，提高单台设备伪负荷率。

第二节 机械制造的自动化技术

一、刚性自动化技术

机械制造中的刚性控制是指传统的电器控制（继电器—接触器）方式，应用这种控制方式的自动线称为刚性自动线。这里所谓的刚性，就是指该自动线加工的零件不能改变。如果产品或零件结构发生了变化导致其加工工艺发生了变化，刚性自动线就不能满足这种变化零件的加工要求了，因此它的柔性差。

刚性自动线一般由刚性自动化设备、工件输送系统、切屑输送系统和控制系统等组成。

自动化加工设备是针对某种零件或一组零件的加工工艺来设计、制造的，由于采用多面、多轴、多刀同时加工，所以自动化程度和生产效率很高。加工设备按照加工顺序依次排列，主要包括组合机床和专用机床等。

控制系统对全线机床、工件输送装置、切屑输送装置进行集中控制，传统的控制方式是采用继电逻辑电气控制，目前倾向于采用可编程控制器。

二、柔性自动化技术

（一）可编程控制器

可编程控制器简称为 PC 或 PLC，可编程控制器是将逻辑运算、顺序控制、时序和计数以及算术运算等控制程序，用一串指令的形式存放到存储器中，然后根据存储的控制内容，经过模拟数字等输入输出部件，对生产设备和生产过程进行控制的装置。

PLC 既不同于普通的计算机，又不同于一般的计算机控制系统。作为一种特殊形式的计算机控制装置，它在系统结构、硬件组成、软件结构以及 I/O 通道、用户界面诸多方面都有其特殊性。为了和工业控制相适应，PLC 采用循环扫描原理来工作，也就是对整个程序进行一遍又一遍的扫描，直到停机为止。其之所以采用这样的工作方式，是因为 PLC 是由继电器控制发展而来的，而 CPU 扫描用户程序的时间远远短于继电器的动作时间，只要采用循环扫描的办法就可以解决其中的矛盾。循环扫描的工作方式是 PLC 区别于普通的计算机控制系统的一个重要方面。

虽然各种 PLC 的组成各不相同，但是在结构上是基本相同的，一般由 CPU、存储器、输入输出设备（I/O）和其他可选部件组成。其他的可选部件包括编程器、外存储器、模拟 I/O 盘、通信接口、扩展接口等。CPU 是 PLC 的核心，它用于输入各种指令，完成预定的任务，起到了大脑的作用，自整定、预测控制和模糊控制等先进的控制算法也已经在 CPU 中得到了应用；存储器包括随机存储器（RAM）和只读存储器（ROM），通常将程序以及所有的固定参数固化在 ROM 中，RAM 则为程序运行提供了存储实时数据与计算中间变量的空间；输入输出系统（I/O）是过程状态和参数输入到 PLC 的通道以及实时控制信号输出的通道，这些通道可以有模拟量输入、模拟量输出、开关量输入、开关量输出、脉冲量输入等。当前，PLC 的应用十分广泛。

1. 可编程控制器的主要功能

（1）逻辑控制。PLC 具有逻辑运算功能，它设置有"与""或""非"等。

逻辑指令能够描述继电器触电的串联、并联、串并联、并串联等各种连接。因此它可以代替继电器进行逻辑与顺序逻辑控制。

（2）定时控制。PLC 具有定时控制功能。它为用户提供了若干个定时器并设置了定时指令。定时值可由用户在编程时设定，并能在运行中被读出与修改，使用灵活，操作方便。

（3）计数控制。PLC 能完成计数控制功能。它为用户提供了若干个计数器并设置了计数指令。计数值可由用户在编程时设定，并可在运行中被读出或修改，使用与操作都很灵活方便。

（4）步进控制。PLC 能完成步进控制功能。步进控制是指在完成一道工序以后，再进行下一道工序，也就是顺序控制。PLC 为用户提供了若干个移位寄存器，或者直接有步进指令，可用于步进控制，编程与使用很方便。

（5）A/D、D/A 转换。有些 PLC 还具有"模数"（A/D）转换和"数模"（D/A）转换功能，能完成对模拟量的控制与调节。

（6）数据处理。有的 PLC 还具有数据处理能力，并具有并行运算指令，能进行数据并行传送、比较和逻辑运算，BCD 码的加、减、乘、除等运算，还能进行字"与"、字"或"、字"异或"、求反、逻辑移位、算术移位、数据检索、比较、数值转换等操作，并可对数据存储器进行间接寻址，与打印机相连而打印出程序和有关数据及梯形图。同时，大部分 PLC 还具有 PID 运算、速度检测等功能指令，这些都大大丰富了 PLC 的数据处理能力。

（7）通信与联网。有些 PLC 采用了通讯技术，可以进行远程 I/O 控制，多台 PLC 之间可以进行同位链接，还可以与计算机进行上位链接，接受计算机的命令，并将执行结果告诉计算机。由一台计算机和若干台 PLC 可以组成"集中管理、分散控制"的分布式控制网络，以完成较大规模的复杂控制。

（8）对控制系统监控。PLC 配置有较强的监控功能，它能记忆某些异常情况，或当发生异常情况时自动终止运行。在控制系统中，操作人员通过监控命令可以监视机器的运行状态，可以调整定时或计数等设定值，因而调试、使用和维护方便。

可以预料，随着科学技术的不断发展，PLC 的功能还会不断拓宽和增强。如可用于开关逻辑控制、定时和计数控制、闭环控制、机械加工数字控制、机器人控制和多级网络控制等。

2. 可编程控制器的主要优点

（1）编程简单。PLC 的设计者在设计 PLC 时已充分考虑到使用者的习惯和技术水平及用户的方便，构成一个实际的 PLC 控制系统一般不需要很多配套的外围设备；PLC 的基本指令不多；常用于编程的梯形图与传统的继电接触控制线路图有许多相似之处;编程器的使用简便;对程序进行增减、修改和运行监视很方便。因此对编制程序的步骤和方法,容易理解和掌握,只要具有一定电气知识基础,都可以在较短的时间内学会。

(2) 可靠性高。PLC 是专门为工业控制而设计的,在设计与制造过程中均采用了诸如屏蔽、滤波、隔离、无触点、精选元器件等多层次有效的抗干扰措施,出此可靠性很高,平均故障时间间隔为 2 万～5 万小时。此外,PLC 还具有很强的自诊断功能,可以迅速方便地检查判断出故障,缩短检修时间。

(3) 通用性好。PLC 品种多,档次也多,可利用各种组件灵活组合成不同的控制系统,以满足不同的控制要求。同一台 PLC,只要改变软件便可实现控制不同的对象或应用到不同的工控场合。可见,PLC 通用性好。

(4) 功能强。在前面已介绍过,PLC 具有很强的功能,能进行逻辑、定时、计数和步进等控制,能完成 A/D 与 D/A 转换、数据处理和通信联网等功能。而且 PLC 技术发展很快,功能会不断增强,应用领域会更广。

(5) 使用方便。PLC 体积小,重量轻,便于安装。PLC 编程简单,编程器使用简便。PLC 自诊断能力强,能判断和显示出自身故障,使操作人员检查判断故障方便迅速,而且接线少,维修时只需更换插入式模块,维护方便。修改程序和监视运行状态也容易。

(二) 计算机数控

计算机数控系统（CNC）,是采用通用计算机元件与结构,并配备必要的输入/输出部件构成的。采用控制软件来实现加工程序存储、译码、插补运算、辅助动作,逻辑联锁以及其他复杂功能。

CNC 系统是由程序、输入输出设备、计算机数字控制装置、可编程控制器、主轴控制单元及进给轴控制单元等部分组成。根据它的结构和控制方式的不同,产生了多种分类方法,下面将对几种常见的分类进行简单介绍。

1. 按数控系统的软硬件构成特征分类

按数控系统的软硬件构成特征,可分为硬件数控与软件数控。

数控系统的核心是数字控制装置,传统的数控系统是由各种逻辑元件、记忆元件等组成的逻辑电路,是采用固定接线的硬件结构,数控功能是由硬件来实现的,这类数控系统被称为硬件数控（硬线数控）。

随着半导体技术、计算机技术的发展,微处理器和微型计算机功能增强,数字控制装置已发展成为计算机数字控制装置,即所谓的 CNC 装置,它可由软件来实现部分或全部数控功能。CNC 系统中,可编程控制器 (PC) 也是一种数字运算电子系统,是以微处理器为基础的通用型自动控制装置,专为在工业环境下应用而设计。它采用可编程序的存储器,在其内部存储执行逻辑运算、顺序控制、定时、计数和算术运算等特定功能的用户操作指令,并通过数字式、模拟式的输入和输出,控制各种类型的机械或生产过程。PC 已成为数控机床不可缺少的控制装置。CNC 和 PC 协调配合共同完成数控机床的控制,其中 CNC 主要完成与数字运算和管理有关的功能,如零件程序的编辑、插补、运算、译码、位置伺服控制等。PC 主要完成与逻辑运算有关的一些动作,没有轨迹上的具体要求,它接受 CNC 的控制代码 M(辅助功能)、S(主轴转速)、T(选刀、换刀)等顺序动作信息,对其进行译码,转换成对应的控制,控制辅助装置完成机床相应的开关动作、如工件的装夹、刀具的更换、切削液的开关等一些辅助动作,它还接受机床操作面板的指令,一方面直接控制机床的动作,另一方面将一部分指令送往 CNC 用于加工过程的控制。

2. 按用途分类

可把数控系统分为金属切削类数控系统、金属成形类数控系统和数控特种加工系统等三类。

3. 按运动方式分类

可分为点位控制系统、点位直线控制系统和轮廓控制系统三类。轮廓控制系统又称连续轨迹控制,该系统能同时对两个或两个以上的坐标轴进行连续控制,加工时不仅要控制起点与终点,而且要控制整个加工过程中的走刀路线和速度。它可以使刀具和工件按平面直线、曲线或空间曲面轮廓进行相对运动,加工出任何形状的复杂零件。它可以同时控制 2~5 个坐标轴联动,功能较为齐全。在加工中,需要不断进行插补运算,然后进行相应的速度与位移控制。数控铣床、数控凸轮磨床、功能完善的数控车床、较先进的数控火焰切割机、数控线切割机及数控绘图机等,都是典型的轮廓控制系统。它们取代了各种类型的仿形加工,提高了加工精度和生产效率,因而得到广泛应用。

4. 按控制方式分类

可分为开环控制系统、半闭环控制系统和全闭环控制系统三类。开环控制系统是不具有任何反馈装置的数控系统,无检测反馈环节。半闭环控制系统是在开环数控系统的传动丝杠上或动力源非输出轴上装有角位移检测装置,如光电编码器、感应同步器等,通过检测丝杠或电机的转角间接地检测移动部件的位移,然后反馈至控制系统中。闭环控制系统是在移动部件上直接装有直线位置检测装置,将测量的实际位移值反馈到数控装置中,与输入的位移值进行比较,用差值进行补偿,使移动部件按照实际需要的位移量运动,实现移动部件的精确定位。闭环数控系统的控制精度主要取决于检测装置的精度、机床本身的制造与装配精度。

三、物流自动化技术

（一）自动线的传送装置

物流自动化中的传送装置有多种传送形式，对应的就有多种形式的输送机，下面对几种常见的输送机作简单的介绍。

1. 板式输送机

板式输送机是用连接于牵引链上的各种结构和形式的平板或鳞板等承载构件来承托和输送物料。它的载重量大，输送重量可达数十吨以上，尤其适用于大重量物料的输送。输送距离长，长度可达 120 米以上，运行平稳可靠，适用于单件重量较大产品的装配生产线。设备结构牢固可靠，可在较恶劣环境下使用。而且链板上可设置各种附件或工装夹具。输送线路布置灵活，可水平、爬坡、转弯输送，上坡输送时输送倾角可达 45°，广泛应用于家电装配、汽车制造、工程机械等行业。

2. 链板输送机

链板输送机的输送面平坦光滑，摩擦力小，物料在输送线之间的过渡平稳。设备布局灵活，可以在一条输送线上完成水平、倾斜和转弯输送。设备结构简单，维护方便。而且链板有不锈钢和工程塑料等材质，规格品种繁多，可根据输送物料和工艺要求选用，能满足各行各业不同的需求。它还可以直接用水冲洗或直接浸泡在水中，设备清洁方便，能满足食品、饮料等行业对卫生的要求。可输送各类玻璃瓶、PET 瓶、易拉罐等物料，也可输送各类箱包。

（二）有轨小车

一般概念的有轨小车（RGV）是指小车在铁轨上行走，由车辆上的马达牵引。

此外，还有一种链索牵引小车，在小车的底盘前后各装一导向销，地面上修好一组固定路线的沟槽，导向销嵌入沟槽内，保证小车行进时沿着沟槽移动。前面的销杆除定向用外还作为链索牵引小车行进的推杆，推杆是活动的，可在套筒中上下滑动。链索每隔一定距离，有一个推头，小车前面的推杆，可自由地插入或脱开。推头由埋设在沟槽内适当位置的接近开关和限位开关控制，销杆脱开链索的推头，小车停止前进。这种小车只能向一个方向运动，所以适合简单的环形运输方式。

空架导轨和悬挂式机器人，也属于一种演变出的有轨小车，悬挂式的机器人可以由电动机拖动在导轨上行走，像厂房中的吊车一样工作，工件以及安装工件的托盘可以由机器人的支持架托起，并可上下移动和旋转。由于机器人可自由地在 XY 两个方向移动，并可将吊在机器人下臂上面的支持架上下移动和旋转，它就可以将工件连同托盘转移到轨道允许到达任意地方的托盘架上。

归纳起来，有轨小车主要有以下优点：有轨小车的加速过程和移动速度都比较快适合搬运重型零件；因轨道固定行走平稳，停车时定位较准确；控制系统相对无轨小车来说要简单许多，因而制造成本较低，便于推广应用。因控制技术相对成熟，可靠性比无轨小车好。但缺点是一旦将轨道铺设好，就不便改动，而且转弯的角度不能太小，导轨一般宜采用直线布置。

（三）自动导向车

自动导向小车（AGV）系统是目前自动化物流系统中具有较大优势和潜力的搬运设备，是高技术密集型产品。它主要由运输小车、地板设备及系统控制器等三部分组成。

自动导向车与有轨穿梭小车的根本区别主要在于有轨穿梭小车是将轨道直接铺在地面上或架设在空中的有轨小车，而自动导向车主要是指将导向轨道——一般为通有交变电流的电缆埋设在地面之下，由自动导向车自动识别轨道的位置，并按照中央计算机的指令在相应的轨道上运行的无轨小车。自动导向车可以自动识别轨道分岔，因此自动导向车比有轨穿梭小车柔性更好。

自动导向车在自动化制造中得到广泛的应用，它的主要特点体现在以下几个方面。

（1）较高的柔性。只要改变一下导向程序就可以很容易地改变、修正和扩充自动导向车的移动路线。而对于输送机和有轨小车，却必须改变固定的传送带或有轨小车的轨道，相比之下，改造的工作量要大得多。

（2）实时监视和控制。由于控制计算机能实时地对自动导向车进行监视，所以可以很方便地重新安排小车路线。此外，还可以及时向计算机报告装载工件时所产生的失败、零件错放等事故。如果采用的是无线电控制，则可以实现自动导向车和计算机之间的双向通信，不管小车在何处或处于何种状态、计算机都可以用调整频率法通过它的发送器向任一特定的小车发出命令，且只有相应的那一台小车才能读到这个命令，并根据命令完成由某一地点到另一地点的移动、停止、装料、卸料、再充电等等一系列的动作。另一方面，小车也能向计算机发回信号，报告小车状态、小车故障、蓄电池状态等等。

（3）安全可靠。自动导向车能以低速运行，一般在10～70米/分范围内。而且自动导向车由微处理器控制，能同本区的控制器通信，可以防止相互之间的碰撞。有的自动导向车上面还安装了定位精度传感器或定中心装置，可保证定位精度达到30毫米，精确定位的自动导向车其定位精度可以达到3毫米，从而避免了在装卸站或运输过程中小车与小车之间发生碰撞以及工件卡死的现象。自动导向车也可安装报警信号灯、扬声器、紧停按钮、防火安全联锁装置,以保证运输的安全。

(4) 维护方便。不仅对小车蓄电池的再充电很方便,而且对电动机车上控制器通信装置安全报警(如报警、扬声器、保险杠传感器等)的常规检测,也很方便。大多数自动导向车都安装了蓄电池状况自动报告设施,它与中央计算机联机,当蓄电池的储备能量降到需要充电的规定值时,自动导向车便自动去充电站,一般自动导向车可工作 8 小时无需充电。

四、CAD/CAPP/CAM 一体化技术

(一) CAD 技术

CAD 是计算机辅助设计的英文缩写,是近 30 年迅速发展起来的一门计算机学科与工程学科为一体的综合性学科。它的定义也是不断发展的,可以从两个角度给予定义。

(1) CAD 是一个过程。工程技术人员以计算机为工具,运用各自的专业知识,完成产品设计的创造、分析和修改,以达到预期的设计目标。

(2) CAD 是一项产品建模技术。CAD 技术把产品的物理模型转化为产品的数据模型,并将之存储在计算机内供后续的计算机辅助技术所共享,驱动产品生命周期的全过程。

CAD 的功能一般可归纳为四类:几何建模、工程分析、动态模拟、自动绘图。一个完整的 CAD 系统,有科学计算、图形系统和工程数据库等组成。

(二) CAPP 技术

CAPP 是计算机辅助工艺设计的简称,是利用计算机技术,在工艺人员较少的参与下,完成过去完全由人工进行的工艺规程设计工作的一项技术,是将企业产品设计数据转换为产品制造数据的一种技术。从 20 世纪 60 年代末诞生以来,其研究开发工作一直在国内外蓬勃发展,而且逐渐引起越来越多的人的重视。

当前,科学技术飞速发展,产品更新换代频繁,多品种、小批量的生产模式已占主导地位,传统的工艺设计方法已不能适应机械制造业的发展需要。其主要表现在于:采用人工设计方式,设计任务烦琐、重复工作量大、工作效率低。设计周期长,难以满足产品开发周期越来越短的需求。受工艺人员的经验和技术水平限制,工艺设计质量难以保证。设计手段落后,难以实现工艺设计的继承性、规范性、标准化和最优化。而 CAPP 可以显著缩短工艺设计周期,保证工艺设计质量,提高产品的市场竞争能力。其主要优点在于:CAPP 使工艺设计人员摆脱大量、烦琐的重复劳动,将主要精力转向新产品、新工艺、新装备和新技术的研究与开发。CAPP 可以提高产品工艺的继承性,最大限度地

利用现有资源，降低生产成本。CAPP可以使没有丰富经验的工艺师设计出高质量的工艺规程，以缓解当前机械制造业工艺设计任务繁重，但缺少有经验工艺设计人员的矛盾。随着计算机技术的发展，计算机辅助工艺设计（CAPP）受到了工艺设计领域的高度重视。CAPP不但有助于推动企业开展的工艺设计标准化和最优化工作，而且是企业逐步推行CIMS应用工程的重要基础之一。

CAPP系统按其工作原理可以分为以下五大类：交互式CAPP系统、派生式CAPP系统、创成式CAPP系统、综合式CAPP系统和CAPP专家系统。

1. 交互式CAPP系统

采用人机对话的方式基于标准工步、典型工序进行工艺设计，工艺规程的设计质量对人的依赖性很大。

2. 变异型CAPP系统，亦称派生式CAPP系统

它是利用成组技术将工艺设计对象按其相似性（例如，零件按其几何形状及工艺过程相似性；部件按其结构功能和装配工艺相似性等）分类成组（族），为每一组（族）对象设计典型工艺，并建立典型工艺库。当为具体对象设计工艺时，CAPP系统按零件（部件或产品）信息和分类编码检索相应的典型工艺，并根据具体对象的结构和工艺要求，修改典型工艺，直至满足实际生产的需要。

3. 创成型CAPP系统

根据工艺决策逻辑与算法进行工艺过程进行设计，它是从无到有自动生成具体对象的工艺规程。创成式CAPP系统工艺决策时不需人工干预，由计算机程序自动完成，因此易于保证工艺规程的一致性。但是，由于工艺决策随制造环境的变化而变化，因此，对于结构复杂、多样的零件，实现创成式CAPP系统非常困难。

4. 综合式CAPP系统

将派生式、创成式和交互式CAPP的优点集为一体的系统。目前，国内很多CAPP系统采用这类模式。

5. CAPP专家系统

一种基于人工智能技术的CAPP系统，也称智能型CAPP系统。专家系统和创成式CAPP系统都以自动方式生成工艺规程，其中创成式CAPP系统是以逻辑算法加决策表为特征的，而专家系统则以知识库加推理机为特征的。

（三）CAM技术

CAM是计算机辅助制造的简称。是一项利用计算机帮助人们完成有关产品制造工作的技术。计算机辅助CAM有狭义的和广义的两个概念。

CAM的狭义概念指从产品设计到加工制造之间的一切生产准备活动。包

括 CAPP、NC 编程、工时定额的计算、生产计划的制订、资源需求计划的制订等。CAM 的狭义概念甚至更进一步缩小为 NC 编程的同义词。CAM 的广义概念不仅包括上述 CAM 狭义定义所包含的所有内容，还包括制造活动中与物流有关的所有过程，即加工、装配、检验、存储、输送的监视、控制和管理。

按计算机与制造系统是否与硬件接口联系，CAM 可以分为直接应用和间接应用两大类。

1. CAM 的直接应用

计算机通过接口直接与制造系统连接，用以监视、控制、协调制造过程。主要包括以下几个方面。

（1）物流运行控制。根据生产作业计划的生产进度信息控制物料的流动。

（2）生产控制。随时收集和记录物流过程的数据，当发现工况（如完工的数量、时间等）偏离作业计划时，即予以协调与控制。

（3）质量控制。通过现场检测随时记录质量数据，当发现偏离或即将偏离预定质量指标时，向工序作业发出命令，予以校正。

2. CAM 的间接应用

计算机不直接与制造系统连接，离线工作，用计算机支持车间的制造活动，提供制造过程和生产作业所需的数据和信息，使生产资源的管理更有效。

主要包括：计算机辅助工艺规程设计、计算机辅助 NC 程序编制、计算机辅助工装设计、计算机辅助作业计划。

（四）CAD/CAM 技术

CAD/CAM 系统由硬件系统和软件系统两部分组成。其中软件系统主要包括以下几个方面。

其一，系统软件。用于实现计算机系统的管理、控制、调度、监视和服务等功能，是应用软件的开发环境，有操作系统、程序设计语言处理系统、服务性程序等。系统软件的目的就是与计算机硬件直接联系，提供用户方便，扩充用户计算机功能，合理调度计算机硬件资源、提高计算机的使用效率。

其二，管理软件。负责 CAD/CAM 系统中生成的各类数据的组织和管理，通常采用数据库管理系统进行管理，是 CAD/CAM 软件系统的核心。

其三，支撑软件。它是 CAD/CAM 的基础软件，它包括工程绘图、三维实体造型、曲面造型、有限元分析、数控编程、系统运行学与动力学模拟分析等方面的软件，它是以系统软件为基础，用于开发 CAD/CAM 应用软件所必需的通用软件。目前市场上出售的大部分软件是支撑软件。

其四，应用软件。它是用户为解决某种应用问题而编制的一些程序，为各个领域专用。一般由用户或用户与研究机构在系统软件与支撑软件的基础上联合开发。

五、工业机器人及其应用技术

（一）工业机器人

工业机器人是机器人家族中的重要一员，也是目前在技术上发展最成熟、应用最多的一类机器人。虽然世界各国对工业机器人的定义不尽相同，但其内涵基本一致。国际标准化组织（ISO）对工业机器人给出了具体的定义：机器人具备自动控制及可再编程、多用途功能，机器人操作机具有三个或以上的可编程轴，在工业自动化应用中，机器人的底座可固定也可移动。

工业机器人一般由两大部分组成：一部分是机器人执行机构，也称作机器人操作机，它完成机器人的操作和作业；另一部分是机器人控制器，它主要完成信息的获取、处理、作业编程、规划、控制以及整个机器人系统的管理等功能。机器人控制器是机器人中最核心的部分，机器人性能的优劣主要取决于控制系统的品质。当然，机器人要想进行作业，除去机器人以外，还需要相应的作业机构及配套的周边设备，这些与机器人一起形成了一个完整的工业机器人作业系统。

迄今为止，典型的工业机器人仅实现了人类胳膊和手的某些功能，所以机器人操作机也称作机器人手臂或机械手，一般简称为机器人。但是，随着科技的进步，很多机器人外观上已远远脱离了最初仿人型机器人和工业机器人所具有的形状，更加符合各种不同应用领域的特殊要求，其功能和智能程度也大大增强，从而为机器人技术开辟出更加广阔的发展空间。

（二）工业机器人的应用

机器人由于其作业的高度柔性和可靠性、操作的简便性等特点，满足了工业自动化高速发展的需求，被广泛应用于汽车制造、工程机械、机车车辆、电子和电器、计算机和信息以及生物制药等领域。我国从应用环境出发，将机器人分为两大类，即工业机器人和特种机器人。所谓工业机器人就是面向工业领域的多关节机械手或多自由度机器人。而特种机器人则是除工业机器人之外的、用于非制造业并服务于人类的各种先进机器人，包括：服务机器人、水下机器人、娱乐机器人、军用机器人、农业机器人、机器人化机器等。在特种机器人中，有些分支发展很快，有独立成体系的趋势，如服务机器人、水下机器人、微操作机器人等。下面将对它们分别进行简单介绍。

1. 典型的工业机器人

典型的工业机器人主要有弧焊机器人、点焊机器人、装配机器人和涂装机器人，它们是工业中最常用的机器人类型。

（1）弧焊机器人。弧焊机器人的应用范围很广，除汽车行业之外，在通用机械、金属结构等许多行业中都有应用。弧焊机器人应是包括各种焊接附属装置在内的焊接系统，而不只是一台以规划的速度和姿态携带焊枪移动的单机。一个典型的弧焊机器人系统，它主要包括三大部分：机器人操作机、机器人控制器和焊接系统。

（2）点焊机器人。汽车工业是点焊机器人一个典型的应用领域。一般装配每台汽车车体需要完成 3000~4000 个焊点，而其中 60% 是由机器人完成的。在有些大批量汽车生产线上，服役的机器人台数甚至高达 150 台。引入机器人会取得下述效益：改善多品种混流生产的柔性；提高焊接质量；提高生产率；把工人从恶劣的作业环境中解放出来。今天，机器人已经成为汽车生产行业的支柱装备。现在点焊机器人正在向汽车行业之外的电机、建筑机械等行业逐步普及。

2. 特种机器人

（1）水下机器人。21 世纪是海洋世纪，海洋占整个地球总表面的 71%，无论从政治、经济还是从军事角度看，人类都要进一步扩大开发和利用具有丰富资源的海洋。水下机器人作为一种高技术手段，在海洋开发和利用中扮演重要角色，其重要性不亚于宇宙火箭在探索宇宙空间的作用。

（2）服务机器人。所谓服务机器人是一种以自主或半自主方式运行，能为人类健康提供服务的机器人，或者是能对设备运行进行维护的一类机器人。根据这个定义，装备在非制造业的工业机器人也可以看作是服务机器人。服务机器人往往是可以移动的，在多数情况下，服务机器人有一个移动平台。

典型的服务机器人有医疗机器人、个人服务机器人、工程机器人和极限作业机器人等。

（3）空间机器人。空间机器人是指在大气层内、外从事各种作业的机器人，包括在内层空间飞行并进行观测、可完成多种作业的飞行机器人，到外层空间其他星球上进行探测作业的星球探测机器人和在各种航天器里使用的机器人。

第三节 自动化技术的主要应用

一、机械制造自动化及工业过程自动化

自动化技术的发展已经深入到国民经济和人民生活的各个方面。在日常生

活中，通过应用自动化技术，各种家用电器提高了性能和寿命。在工业生产中，各种机器设备都随着自动化技术的应用和自动化水平的提高，使其在生产过程中发挥了更好的作用，提高了产品的产量和质量。

（一）机械制造自动化

机械制造自动化主要包括以下各个方面：金属切削机床的控制，焊接过程的控制，冲压过程的控制和热处理过程的控制等。过去机械加工都是由手工操作或由继电器控制的，随着自动控制技术和计算机的应用，慢速传统的操作方式已经逐渐被计算机控制的自动化生产方式所取代，下面就是机械制造自动化的一些主要方面。

1. 金属切削过程的自动控制

金属切削机床包括常用的车床、铣床、刨床、磨床和钻床等，过去都是人工手动操作的，但是手工操作无法达到很高的精度。随着自动化技术和计算机的应用，为了提高加工精度和成品率，人们研制出了数控机床，这是自动化技术在机械制造领域的最典型应用。根据电弧熔化材料的原理，电熔磨削数控机床是专门用于加工有色金属，以及其他超粘、超硬、超脆和热敏感性高的特殊材料的一种机床。它解决了一些采用传统的车、铣、刨等加工方法不能满足加工要求的问题，是一种新型复合多用途磨削机床。由于机床在电熔放电加工时，电流非常大，以致达到数百、数千安培，所产生的电磁波辐射会严重地干扰控制系统。因此，机床中采用了抗干扰系列的可编程控制器 PLC 作为机床的控制核心，以保证电熔磨削数控机床能够正常工作，达到有关国家标准。机床运动控制系统主要由以下这几部分组成。

（1）放电盘驱动轴的控制

机床在电熔放电加工过程中，工件是卡在头架上以某一速度转动的，放电盘与工件是处于非接触状态，而且两者间需要保持一定线速度的相对运动，才能保证加工过程正常进行，因此，放电盘驱动电机的转速可以随工件头架驱动电机的转速的变化来变化，这个控制是由可编程控制器 PLC 来完成的。根据旋转编码器测量到的头架电机的速度信号，PLC 来调整变频器的输出驱动频率，从而保证了驱动放电盘的变额电机能以要求的速度平稳运行。

（2）头架电机转速的控制

为了保证工件的加工精度，工件在转动时，它的加工点需要保持恒定的线速度。因此，头架驱动电机的转速是根据被加工工件的直径由 PLC 系统自动控制的。驱动信号是由 PLC 发出的，经过 D/A 转换到变频器，最后到达了驱动头架的变频电机。

（3）工作台运动控制

工作台的纵向运动（Y 轴）由直流伺服电动机驱动。系统要求其移动速度最快能达到每分钟 4m。

由于机床采用了计算机数字控制，方便了加工工件的参数设定，提高了机床运行的安全系数，保证了设备应用的可靠性，使生产安全、稳定和可靠。总的说来，数控机床性能稳定、质量可靠、功能完善，具有较高的性能价格比，在市场中具备强有力的竞争能力。

2. 焊接和冲压过程的自动控制

焊接自动化主要是由自动化焊机，也就是机器人配合焊缝跟踪系统来实现的，这可以大幅度地提高焊接生产率、减少废料和返修工作量。为了最大限度地发挥自动焊机的功能，通常需要自动焊缝跟踪系统。典型的焊缝跟踪系统原来是通过电弧传感的机械探针方式工作的，这种类型的跟踪系统需要手工输入信息，操作者不能离开。机械探针式系统对于焊接薄板、紧密对接焊缝和点固焊缝时，无能为力。此外，探针还容易损坏导致废料或者返修。新一代的产品是激光焊缝跟踪系统，它是在成熟的激光视觉技术的基础上，应用于全自动焊接过程中高水平、低成本的传感方式。它将易用性和高性能结合在一起，形成了全自动化的焊接过程。激光传感器也能在强电磁干扰等恶劣的工厂环境中使用。由激光焊缝跟踪和视觉产品配合的焊接自动化系统，已经在航天、航空、汽车、造船、电站、压力容器、管道、螺旋焊管、铁路车辆、矿山机械以及兵器工业等行业都得到了广泛的应用。

3. 热处理过程的自动控制

近年随着自动控制技术的发展，计算机数字界面的功能、可靠性和性价比不断提高，在工业控制的各个环节的应用都得到了很大的发展。传统的工业热处理炉制造厂家，在工业热处理炉的电气控制上，大多还是停留在采用过去比较陈旧的控制方式；在配置上，如温度控制表＋交流接触器＋纸式记录仪＋开关按钮

这样的控制方式自动化程度低、控制精度低、生产过程的监控少、工业热处理炉本身的档次低。但是，由计算机数字控制的热处理炉系统，使工业热处理炉的性能得到了显著的提高。计算机数字控制系统一般是 32 位嵌入式系统，由人机界面、现场网络、操作系统和组态软件等部分构成。它适用于

工业现场环境，安全可靠，可以广泛应用于生产过程设备的操作和数据显示，与传统人机界面相比，突出了自动信息处理的特点，并增加了信息存储和网络通信的功能。

采用包括计算机人机界面的自动控制系统，可以取代温度记录仪，利用人

机界面自带的硬盘可以进行温度数据长时间的无纸化记录，而且记录通道可以比记录仪多得多；与 PLC 模拟量模块共同组成温度控制系统，可以取代温度控制仪表，进行处理温度的设定显示和过程的 PID 控制；可以取代大部分开关按钮，在人机界面的触摸屏上就可以进行不同的控制操作。采用由人机界面组成的自动控制系统，还有以下普通控制系统无法比拟的优点：①热处理炉的各个运行状态都可以在人机界面的彩色显示屏上进行动态模拟；②可以利用人机界面的组态软件的配方功能进行工艺控制参数的设置、选择和监控；③具有网络接口的人机界面可以通过网线连接到工厂的计算机系统，实现生产过程数据的远程集中监控。

（二）过程工业自动化

过程工业是指对连续流动或移动的液体、气体或固体进行加工的工业过程。过程工业自动化主要包括炼油、化工、医药、生物化工、天然气、建材、造纸和食品等工业过程的自动化。过程工业自动化以控制温度、压力、流量、物位（包括液位、料位和界面）、成分和物性等工业参数为主。

1. 对温度的自动控制

工业过程中常用的温度控制，主要包括以下几种情况。

（1）加热炉温度的控制

在工业生产中，经常遇到由加热炉来为一种物流加热，使其温度提高的情况，如在石油加工过程中，原油首先需要在炉子中升温。一般加热炉需要对被加热流体的出口温度进行控制，控制原理。当出口温度过高时，燃料油的阀门就会适当地关小，如果出口温度过低，燃料油的阀门就会适当地开大。这样按照负反馈原理，就可以通过调节燃料油的流量来控制被加热流体的出口温度了。

（2）换热过程的温度控制

工业上换热过程是由换热器或换热器网络来实现的。通常换热器中一种流体的出口温度需要控制在一定的温度范围内，这时对换热器的温度控制系统就是必需的。只要调节换热器一侧流体的流量，就会影响换热器的工作状态和换热效果，这样就可以控制换热器另一侧流体的出口温度了。

（3）化学反应器的温度控制

工业上最常见的是进行放热化学反应的釜式化学反应器，这时调节夹套中冷却水的出口流量，就可以根据负反馈原理来控制反应釜中的温度了。

（4）分馏塔温度的控制

在炼油和化工过程中，分馏塔是最常见的设备，也是最主要的设备之一，对分馏塔的控制是最典型控制系统。在分馏塔的塔顶气相流体经过冷凝之后，要储存在回流罐之中,分馏塔的温度控制就是利用回流量的调节来实现的。

2. 对压力的自动控制

工业过程中常用的压力控制,主要包括以下几种情况。

(1) 分馏塔压力的控制

分馏塔的压力是受塔顶气相的冷凝量影响的,塔顶气相的冷凝量可以由改变冷却水的流量来调节。这样分馏塔的压力就可以由调节冷却水的流量来控制了。

(2) 加热炉炉膛压力的控制

加热炉的压力是保证加热炉正常工作的重要参数,对加热炉压力的控制是由调节加热炉烟道挡板的角度来实现的。

(3) 蒸发器压力的控制

工业上常见到对蒸发器压力的控制,通常最多是使用蒸汽喷射泵来得到一个比大气压还低的低气压,就是工程上常说的真空度。因此,对蒸发器的压力控制也称为对蒸发器真空度的控制。

二、电力系统自动化及新能源设备自动化

(一) 电力系统自动化

电力系统的自动化主要包括发电系统的自动控制和输电、变电、配电系统的自动控制及自动保护。发电系统是指把其他形式的能源转变成电能的系统,主要包括水电站、火电厂、核电站等。电力系统自动控制的目的就是为了保证系统平时能够工作在正常状态下,在出现故障时能够及时正确的控制系统按正确的次序进入停机或部分停机状态,以防止设备损坏或发生火灾。

下面简单介绍火力发电厂和输电、变电、配电系统的自动控制和自动保护。

1. 火力发电厂的生产过程

热电厂中的锅炉可以是燃煤锅炉、燃油锅炉或燃气锅炉。由锅炉产生的蒸汽经过加热成为过热蒸汽,然后送到汽轮发电机组中发电。由汽轮机出来的低压蒸汽还要经过冷凝塔,冷却成水再循环利用。由发电机产生的交流电经过升压变压器升压后送到输变电网。

2. 锅炉给水系统的自动控制

在热电厂里,主要的控制系统包括对锅炉的控制、对汽轮机的控制和对发电电网方面的控制。对锅炉给水系统的控制是由典型的三冲量控制系统来完成的,所谓三冲量控制,就是要将蒸汽流量、给水流量和汽包液位综合起来考虑,把液位控制和流量控制结合起来,形成复合控制系统。

（二）自动化设备技术在新能源行业的应用与发展

自动化设备技术在各种行业都具有显著优势。在新能源开发利用领域应用现代化自动化设备技术，能够为新能源开发利用工作提供强大的技术支持。目前，自动化设备技术的应用在发电领域尤为重要，其中锂电行业是新能源行业的重点领域。我国在锂电开发利用领域对自动化设备技术的应用处在初期探索和发展阶段，发展空间广阔，发展潜力较大。

1. 自动化设备技术与新能源行业概述

（1）自动化设备技术概述

随着现代化科学技术的迅猛发展，自动化设备技术不断完善并被广泛应用于多个生产领域。自动化设备技术能够使自动化器械按照人工要求，在无人参与或者只有少量人参与的情况下自动执行动作，完成指定的工作。自动化设备技术的充分应用能够帮助企业减少人工成本，承担危险和恶劣环境中的工作，保障工作人员的人身安全。自动化设备技术与传统人力工作相比，能够有效提高工作的细致程度、精准程度以及工作效率，降低出错率。有效应用自动化设备技术还能够有效降低企业的生产经营成本，提高企业在生产经营过程中的社会经济效益。

（2）锂电行业自动化发展概述

结合我国自动化领域的发展历程，在很长一段时期以内，汽车一直是自动化设备的主要应用领域。大量先进的自动化设备如工业机器人等，被广泛应用于汽车的涂装、冲压、焊接以及组装等工序。然而，随着我国汽车市场大量生产线的铺设和市场自身的萎缩与发展停滞，越来越多的自动化企业将市场中心由汽车领域转向电子领域。在之后的一段时期，以手机为代表的电子行业推动了自动化领域的进一步发展。智能手机中需要的许多半导体面板、印刷线路板以及最后的终端组装工序，都对自动化设备有着较高的需求，大大推动了自动化设备的发展。随着智能手机市场的饱和，它对自动化设备的需求减少。因此，我国开始大力支持新能源汽车为代表的新能源产业发展。未来几年，我国新能源行业将得到持续迅速发展。锂电池作为新能源汽车的主要动力来源，成为自动化设备未来的重点应用领域。从锂电池整个生产流程和涉及的工艺来看，从锂电池原材料的购买投入到最后锂电池产品的产出，流程大概可以分为基片制作、电芯组装、电芯激活、封装和 pack 成品的输出。

2. 锂电行业中自动化设备技术的应用与发展情况

我国早在 2016 年就开始针对锂电行业系统集成领域进行了深入探索和研究。由先导智能装备股份有限公司制造研发并建立了国际首条锂电池全自动物流线，并在松下等全球知名锂电生产企业的生产车间中进行装配。此外，大族激光科技股份有限公司提出的电磁模组焊接自动化方案，进一步推动了大功率激光焊接技术在锂电行业的应用。随着工业机器人在锂电行业的进一步推广和模块化 PACK 生产线的发展，自动化设备在锂电行业的应用越来越多元化和标准化。近几年，企业将机器人技术与自动化生产系统相结合，打破了过去生产中通过人工进行连接的瓶颈。在比亚迪等一线锂电池生产企业中，工业机器人已经得到了大规模应用。

目前，进一步发展自动化设备的核心工艺是自动化设备在锂电池应用中的关键。想要进一步推动自动化设备在锂电行业中的应用与发展，需要相关单位通力合作，形成合力。首先，设备生产企业。随着资金的不断涌入，设备生产企业必须利用已有的资金加大对自身产品的研发与优化，进一步扩充企业自身的人才储备，通过合资或收购等途径，吸收并学习国际先进的自动化设备生产技术和工艺，并与科研机构或者大学研究所等相关研发单位加强合作，推动自动化设备最新技术的发展及应用。其次，国家。国家需要发挥自身的引导作用，通过引导企业响应国家相关示范项目的建设号召，给予政策支持，参与锂电行业技术标准的制定，从宏观视角帮助企业进行技术布局。最后，自动化设备生产企业。自动化设备生产企业应加强与电池生产企业的合作交流。设备生产企业需要结合电池进行有针对性的优化更新，而电池生产企业需要结合自身实际的生产情况和产品的性能，对设备提出相应的优化改进要求。

三、飞行器控制、智能建筑与智能交通运输系统

（一）飞行器控制

1. 飞机运动的描述

飞机在运动过程中是由 6 个坐标来描述其运动和姿态的，也就是飞机飞行时有 6 个自由度。其中 3 个坐标是描述飞机质心的空间位置的，可以是相对地面静止的直角坐标系的 XYZ 坐标，也可以是相对地心的极坐标或球坐标系的极径和 2 个极角，在地面上相当于距离地心的高度和经度纬度。另外，3 个坐标是描述飞机的姿态的，其中，第 1 个是表示机头俯仰程度的仰角或机翼的迎角；第 2 个是表示机头水平方向的方位角，一般用偏离正北的逆时针转角来表示，这两个角度就确定了飞机机身的空间方向；第 3 个叫倾斜角，就是表示飞机横侧向滚动程度的侧滚角。当两侧翅膀保持相同高度时，倾斜角为 0。

2. 对飞机的人工控制

飞机的人工控制就是驾驶员手动操纵的主辅飞行操纵系统。这种系统可以是常规的机械操纵系统，也可以是电传控制的操作系统。人工控制主要是针对 6 个方面进行控制的。

(1) 驾驶员通过移动驾驶杆来操纵飞机的升降舵（水平尾翼），进而控制飞机的俯仰姿态。当飞行员向后拉驾驶杆时，飞机的升降舵就会向上转一个角度，气流就会对水平尾翼产生一个向下的附加升力，飞机的机头就会向上仰起，使迎角增大。若此时发动机功率不变，则飞机速度相应减小。反之，向前推驾驶杆时，则升降舵向下偏转一个角度，水平尾翼产生一个向上的附加升力，使机头下俯、迎角减小，飞机速度增大。这就是飞机的纵向操纵。

(2) 驾驶员通过操纵飞机的方向舵（垂直尾翼）来控制飞机的航向。飞机做没有侧滑的直线飞行时，如果驾驶员蹬右脚蹬时，飞机的方向舵向右偏转一个角度。此时气流就会对垂直尾翼产生一个向左的附加侧力，就会使飞机向右转向，并使飞机做左侧滑。相反，蹬左脚蹬时，方向舵向左转，使飞机向左转，并使飞机做右侧滑。这就是飞机的方向操纵。

(3) 驾驶员通过操纵一侧的副机翼向上转和另一侧的副机翼向下转，而使飞机进行滚转。飞行中，驾驶员向左压操纵杆时，左翼的副冀就会向上转，而右翼的副冀则同时向下转。这样，左侧的升力就会变小而右侧的升力就会变大，飞机就会向左产生滚转。当向右压操纵杆时，右侧副具就会向上转而左侧副冀就会向下转，飞机就会向右产生滚转。这就是飞机的侧向操纵。

(4) 驾驶员通过操纵伸长主机翼后侧的后缘襟冀来增大机翼的面积进而提高升力。

(5) 驾驶员通过操纵伸展主机翼后侧的翘起的扰流板（也叫减速板），来增大飞机的飞行阻力进而使飞机减速。

(6) 驾驶员通过操纵飞机的发动机来改变飞机的飞行速度。

(二) 智能建筑

20 世纪 80 年代，在美国康涅狄格州哈特福德市建成了一座名叫城市广场的建筑，这就是第一座智能建筑。智能建筑是应用计算机技术、自动化技术和通讯技术的产物，它有许多显著的特点。主要包括：①楼宇自动化系统（BAS：Building Automation System）；②办公自动化系统（OAS：Office Automation System）；③通信自动化系统（CAS：Communication Automation System）；④综合布线系统（PDS：Premises Distribution System）；⑤防火监控系统（FAS：Fire Automation System）；⑥安保自动化系统（SAS：Safety Automation System）。

1. 楼宇自动化系统

楼宇自动化系统（BAS）的任务是使建筑物的管理系统智能化。它所管理的范围包括电力、照明、给水、排水、暖气通风、空调、电梯和停车场的部分。通过计算机的智能化管理，使各部分都能够高效、节能的工作，使大厦成为安全舒适的工作场所。楼宇自动化系统是计算机智能控制和智能管理在日常生活中的重要应用，它体现了计算机化的智能管理，可以节省人力物力，方便了人们的使用和记录，实现了智能报警、自动收费和自动连锁保护。例如，在电力系统中，可以对变压器的工作状态进行有效监管；在照明系统中，可以由计算机设定照明时间，在空调和暖气系统中，由计算机管理系统的启动和运行；在停车场的管理中，可以进行防盗监视、多点巡视和自动收费等。

2. 办公自动化系统和通信自动化系统

办公自动化系统（OAS）和通信自动化系统（CAS）都是针对信息加工和处理的，其基本特点就是利用计算机、网络和传真的现代化设施来改善办公的条件，在此基础上，使得信息的获取、传输、存储、复制和处理更加便捷。在办公和通信自动化中，电话是最早使用的，但是在应用计算机之前，电话都是靠继电器和离散电路交换的，没有使用程序控制的交换机，电话的总数就受到限制。在程序控制电话的基础上，数字传真技术是远距离传送的，不仅可以是声音信息，也可以是图形文字信息。这就使所传输信息的准确程度又提高了一步。但是用传真手段来传送信息在接受和发送两端还离不开纸张介质。

计算机网络的推广使用就便信息的传输摆脱了纸张介质，直接在计算机硬盘之间进行了通信。光纤通信具有传输数据量大、频带宽等特点，特别适合多路传送数据或图形，它的使用是通信领域里的一场新的革命。电子邮件可以准确快速地传输各种数据文件或图形文件。应用连接计算机的打印机可以使文件编辑修改在屏幕上进行，相对于手工打字就提高了自动化程度，而复印机的应用实现了多份拷贝直接产生，省去了通过蜡纸印刷的麻烦。

办公自动化中的另一重要部分就是数据库系统，是办公时做任何决定都必不可少的决策支持系统。财务管理系统、人事管理系统和物资设备管理系统是计算机应用的重要组成部分，它们借助于强大的软件功能使信息的处理更加便捷，使查阅修改更加方便，使大量的信息可以快速地提供给决策者。

3. 防火监控系统

防火监控系统（FAS）包括火灾探测器和报警及消防联动控制。火灾探测器常用的有以下5种：

（1）离子感烟式探测器。这种探测器是用放射性元素镅（Am241）作为放射源，用其放射的射线使电离室中空气电离成为导体，这时可以根据在一定电压下离子电流的大小获知空气中含烟的浓度。

（2）光电感烟式探测器。这种探测器又分头光式和反光式两种；头光式的测量原理是依靠测量含烟空气的透明程度，来获知空气中含烟的浓度的；反光式则是依靠测量空气中烟尘的反光程度来获知含烟浓度的。

（3）感温式探测器。这种探测器就是测量空气是否达到一定的温度，达到了则报警；测温元件有热电阻式的、热电耦式的、双金属片式的、半导体热敏电阻式的、易熔金属式的、空气膜盒式的等等。

（4）感光式探测器。这种探测器又分红外式和紫外式两种，红外式的是使用红外光敏元件（如硫化铅、硒化铅或硅敏感元件等）来测量火焰产生的红外光辐射；紫外式的是使用光电管来测量火焰发出的紫外光辐射。

（5）可燃气体探测器。这种探测器又分为热催化式、热导式、气敏式和电化学式，共4种，热催化式的是利用铂丝的发热使可燃气体反应放热，再测量铂丝电阻的变化来获知可燃气体的浓度的；热导式是利用铂丝测量气体的导热性来获知可燃气体的浓度；气敏式是通过半导体的电阻气敏性来测量可燃气体的浓度；电化学式是通过气体在电解液中的氧化还原反应来测量可燃气体的浓度。

（三）智能交通运输系统

智能交通系统（ITS：Intelligent Transport System）是把先进电子传感技术、数据通信传输技术、计算机信息处理技术和控制技术等综合应用于交通运输管理领域的系统。

1. 交通信息的收集和传输

智能交通系统不是空中楼阁，也不是仿真系统，而是实实在在的信息处理系统，所以它就必须有尽量完善的信息收集和传输手段。交通信息的收集方式有很多种，常用的包括电视摄像设备、车辆感应器、车辆重量采集装置、车辆识别和路边设备以及雷达测速装置等。其中，电视摄像设备主要收集各路段车辆的密集程度，以供交通信息中心决策之用；车辆重量采集装置一般是装在路面上，可以判定道路的负荷程度；车辆识别和路边设备，可以收集车辆所在位置的信息；雷达测速装置，可以收集汽车的速度信息。所有这些信息都要送到交通信息处理中心，信息中心不仅要存有路网的信息，还要存有公共交通的路线的信息等，这样才能使信息中心良好的工作。

2. 交通信息的处理系统

在庞大的道路交通网上，交通的参与者有几万，甚至几十万，其中包括步行、骑自行车、乘公交车（包括地铁和轻轨）、乘出租车或自己驾车，道路上的情况瞬息万变。人们经常会遇到由于交通事故或意外事件造成的堵车，如何使路口的信号系统聪明起来，能够及时处理信息和思考呢？即能够快速探测到事故或事件，并快速响应和处理，将会大大减少由此造成的堵车困扰。

智能交通监控系统就是为此开发的，它使道路上的交通信息与交通相关信息尽量完整和实时；交通参与者、交通管理者、交通工具和道路管理设施之间的信息交换实时和高效；控制中心对执行系统的控制更加高效；处理软件系统具备自学习、自适应的能力，交通信息的处理系统就是将交通状态信息和交通工程原始信息进行数据分析加工，从而输出交通对策。所谓路线诱导数据，就是指各路段的连接关系，根据这些关系可以作交通行为分析，进而作参数分析，交通行为分析就是分析各个车辆所行走的路线，这样就为计算宏观交通状况分析提供了数据。根据交通流量、密度和路段分时管理信息可以作出交通流量分析，进而为动态交通分配提供数据，根据路网路况信息和排放量数据可以作环境负荷分析。由交通流量、密度和交通流量分析的结果可以做动态交通分配，进而可以作出各时间交通量的预测。根据车辆移动数据、环境负荷分析和参数分析的结果，可以做出宏观交通状况分析。根据这些数据分析，最后就可以得出各种交通对策。这些交通对策包括交通诱导、道路规划、交通监控、环境对策、收费对策、信息提供和交通需求管理等。

3. 大公司开发的智能交通系统

智能交通系统（ITS：Intelligent Transport System），在它的发展过程中设备的技术进步是决定的因素，如果只有先进的思路而没有先进的设备，这样产生的系统必然是落后过时的。所以智能交通系统的各个分系统或子系统，都首先在大公司酝酿并产生了。它们的指导思路是首先融合信息、指挥、控制及通信的先进技术和管理思想，综合运用现代电子信息技术和设备，密切结合交通管理指挥人员的经验，使交通警察和交通参与者对新系统的开发提出看法和意见，这样集有线/无线通信、地理信息系统（GIS：geographical information system）、全球定位系统（GPS：Global position system）、计算机网络、智能控制和多媒体信息处理等先进技术为一体，就是所希望开发的实用系统，其中，一些分系统或子系统如下：

（1）交通控制系统（Traffic Control System）；

（2）交通信息服务系统（Traffic Information Service System）；

（3）物流系统（Logistic System）；

（4）轨道交通系统（Railway System）；

（5）高速公路系统（Highway System）；

（6）公交管理系统（Public Traffic Management System）；

（7）静态交通系统（Static Traffic System）；

（8）ITS专用通信系统（ITS Communication System）。

交通视频监控系统（VMS：Video Monitoring System）是公安指挥系统的重要组成部分，它可以提供对现场情况最直观的反映，是实施准确调度的基本保障。重点场所和监测点的前端设备将视频图像以各种方式（光纤、专线等）传送至交通指挥中心，进行信息的存储、处理和发布。使交通指挥管理人员对交通违章、交通堵塞、交通事故及其他突发事件做出及时、准确的判断，并相应调整各项系统控制参数与指挥调度策略。

多种交通信息的采集、融合与集成以及发布是实现智能交通管理系统的关键。因此，建立一个交通集成指挥调度系统是智能交通管理系统的核心工作之一。它使交通管理系统智能化，实现了交通管理信息的高度共享和增值服务，使得交通管理部门能够决策科学、指挥灵敏、反应及时和响应快速；使交通资源的利用效率和路网的服务水平得到大幅度提高；有效地减少汽车尾气排放，降低能耗，促进环境、经济和社会的协调发展和可持续发展；也使交通信息服务能够惠及千家万户，让交通出行变得更加安全、舒适和快捷。

智能交通系统又是公安交通指挥中心的核心平台，它可以集成指挥中心内交通流采集系统、交通信号控制系统、交通视频监控系统、交通违章取证系统、公路车辆监测记录系统、122接管处理系统、GPS车辆调度管理系统、实时交通显示及诱导系统和交通通信系统等各个应用系统，将有用的信息提供给计算机处理，并对这些信息进行相关处理分析，判断当前道路交通情况，对异常情况自动生成各种预案，供交通管理者决策，同时可以将相关交通信息对公众发布。

四、生物控制论及信息处理、社会经济控制与大系统控制

（一）生物控制论及信息处理

1. 生物控制论

生物控制论是控制论的一个重要分支，同时它又属于生物科学、信息科学及医学工程的交叉科学。它研究各种不同生物体系统的信息传递和控制的过程，探讨它们共同具有的反馈调节、自适应的原理以及改善系统行为，使系统具有稳定运行的机制。它是研究各类生物系统的调节和控制规律的科学，并形成了一系列的概念、原理和方法。生物体内的信息处理与控制是生物体为了适应环境，求得生存和发展的基本问题。不同种类的生物、生物体各个发展阶段，以及不同层次的生物结构中，都存在信息与控制问题。

之所以研究生物系统中的控制现象，是因为生物系统中的控制过程同非生物系统中的控制过程很多都是非常类似的，而生物体中控制系统又是每个都有其各自特点的，这些特点常常在人类设计自己需要的控制系统时，非常有借鉴作用。从系统的角度来说，生物系统同样也包含着采集信息部分、信息传输部分、处理信息并产生命令的部分和执行命令的部分。所不同的是在生物体中，这些工作都是由生物器官来完成的。例如，生物体中对声音、光线、温度、气压、湿度等的感觉就是由特定的感觉器官来完成的，这些信息又通过神经纤维传输的神经中枢进行信息处理并产生相应的命令，最后这些命令送到各自的执行器官去执行。这就是生物系统的闭环控制过程。

当前该学科研究比较热门的问题是神经系统信息加工的模型与模拟、生物系统中的非线性问题、生物系统的调节与控制、生物医学信号与图像处理等。近年来，理解大脑的工作原理已成为生物控制论的新热点，其中，关键是揭示感觉信息，特别是视觉信息在脑内是如何进行编码、表达和加工的。大脑在睡眠、注意和思维等不同的脑功能状态下的模型与仿真问题，特别是动态脑模型，以及学习、记忆与决策（Decision Making）的机理都是很热门的问题。关于大脑意识是如何产生的，它的物质基础是什么，也已吸引许多

2. 人工神经元网络

人工神经元网络（ANNs：Artificial Neural Networks）也可称为连接模型（Connectionist Model），是对人脑或生物神经原细胞网络（Natural Neural Network）的抽象模拟。人工神经元网络主要是从对人脑的研究中借鉴并发展起来的。它以人脑的生理研究成果为基础，模拟大脑的某些机理和机制，从而实现信息处理方面的功能。神经网络研究专家给人工神经元网络的定义：人工神经元网络是由人工建立的，以有向图为拓扑结构的动态系统，它通过对连续或断续的输入作状态进行信息处理。在人工神经元的研究中，早在1943年就出现了黑格学习算法，后来不断的有人做这方面的研究，力求在蓬勃发展的指令式计算机之外，再走出一条同步并行计算的信息处理道路，经过不断努力，并取得了一些成果，如Rosenblatt提出了感知器（Perceptron）模型。但在20世纪80年代始终进展缓慢。之后进入一段快速发展时期，出现了一些有实用价值的研究成果，如多层网络的误差反向传播（BP）学习算法、自组织特征映射、Hopfield网络模型和自适应共振理论等。

（二）社会经济控制

1. 系统动力学模型

社会经济控制是以社会经济系统模型为基础的，社会经济系统的模型是以系统动力学方法建立的，它是研究复杂的社会经济系统动态特性的定量方法。这种方法是由美国麻省理工学院的福雷特教授在20世纪50年代创立的，是借鉴机械系统的动力学基本原理创立的。机械系统的动力学就是根据推动力和定量惯性之间的关系来建立运动的动态方程式，进而来研究机械系统的动态特性、速度特性以及各种波动的调节方法。系统动力学方法则是以反馈控制理论为基础，来建立社会系统或经济系统的动态方程或动态数学模型，再以计算机仿真为手段来进行研究。这种方法已成功地应用于企业、城市、地区和国家，

甚至世界规模的许多战略与决策等分析中，被誉为社会经济研究的战略与决策实验室。这种模型从本质上看是带时间滞后的一阶差分或微分方程，由于建模时借助于流图，其中，积累、流率和其他辅助变量都有明显的物理意义，因此可以说是一种预告和实际对比的建模方法。系统动力学虽然使用了推动力、出入流量、存储容量或惰性惯量这些概念，可以为经济问题和社会问题建立动态的数学模型，但是为各个单元所建立的模型大多为一阶动态模型，具有一定的近似性，加上实际系统易受人为因素的影响，所以对经济系统或社会系统的动态定量计算的精度都不是很高。

系统动力学方法与其他模型方法相比，具有下列特点：

①适用于处理长期性和周期性的问题。如自然界的生态平衡、人的生命周期和社会问题中的经济危机等都呈现周期性规律，并需通过较长的历史阶段来观察，已有不少系统动力学模型对其机制做出了较为科学的解释。

②适用于对数据不足的问题进行研究。在社会经济系统建模中，常常遇到数据不足或某些数据难于量化的问题，系统动力学借助各要素间的因果关系及有限的数据及一定的结构仍可进行推算分析。

③适用于处理精度要求不高的、复杂的社会经济问题。上述情况经常是因为描述方程是高阶非线性动态的，应用一般数学方法很难求解。系统动力学则借助于计算机及仿真技术仍能算出系统的各种结果和现象。

(1) 因果反馈

如果事件 A（原因）引起事件 B（结果），那么 AB 间便形成因果关系。若 A 增加引起 B 增加，称 AB 构成正因果关系；若 A 增加引起 B 减少，则为负因果关系。两个以上因果关系链首尾相连构成反馈回路，也分为正、负反馈回路。

(2) 积累

积累这种方法是把社会经济状态变化的每一种原因看作为一种流，即一种参变量，通过对流的研究来掌握系统的动态特性和运动规律。流在节点的累积量便是"积累"，用以描述系统状态，系统输入、输出流量之差为积累的增量。"流率"表述流的活动状态，也称为决策函数，积累则是流的结果。任何决策过程均可用流的反馈回路描述。

(3) 流图

流图由积累、流率、物质流及信息流等符号构成，直观形象地反映系统结构和动态特征。

2. 系统动力学模型的应用举例

(1) 中等城市经济的系统动力学模型及政策调控研究

系统动力学模型能全面和系统地描述复杂系统的多重反馈回路、复杂时变以及非线性等特征，能很好地反映区域经济系统对宏观调控政策的动态效果及敏感程度；能有效地避免事后控制所带来的经济震荡。采用系统动力学这一定性分析与定量分析综合集成的方法，在利用区域经济学、计量经济学、数理统计等有关理论和方法对一个城市经济系统进行系统研究的基础上，建立该城市经济系统动力学模型，并进行政策模拟，可提供一些有益的政策建议。

①揭示了区域经济系统及其7个子系统（工业经济、农业生态、环境、人口、交通通信、能源电子以及商业服务业）间的相互联系、相互影响、相互作用的内在机理；

②模型在结构、行为模式等方面与现实具有较好的一致性；

③对各种备选方案进行比较选优，发挥系统动力学应用的政策实验室的作用；

④针对系统动力学的独特优势与不足，探讨弥补这些不足的措施和途径。

(2) 区域经济的系统动力学研究

运用系统动力学的定性与定量相结合的分析方法和手段，解决区域经济系统中长期存在的问题，并提供政策和建议，具有重大的推广应用价值。在技术原理及性能上具有如下特点：

①区域经济系统及其子系统都是具有多重反馈结构的复杂时变系统，因此采用一般的定量分析方法难以全面、系统地反映这一复杂系统，难以把握区域经济系统及其子系统的宏观调控过程，以及在此过程中的动态反映效果及敏感程度，以致容易引起事后控制所带来的经济震荡。

②在充分研究区域经济系统的基础上，可提供区域经济系统及其子系统之间相互联系、相互作用和相互影响的机制。

③利用系统动力学方法建立区域经济系统及其子系统的系统动力学模型，对模型的结构、行为及模型的一致性、适应性等进行验证，以确保模型的合理性。

（三）大系统控制和系统工程

1. 大系统的建模

大系统一般是高维的复杂系统，就是说，在这样的系统里，独立变量的个数相当多，并且它们之间的关系错综复杂。

(1) 由于系统内各变量之间的关系错综复杂，大系统常常具有以下特性：

①子系统性，即大系统内部可能包括许多子系统；

②非线性,即系统有时会表现出严重的非线性特性;

③高阶性,即描述整个或部分系统的微分方程要包含许多高阶导数项;

④时变性,即系统的参数有时是随时间变化的;

⑤关联性,即对系统进行控制时,系统内的各种严重耦合使解耦变得非常困难。大系统一般多是来自实际的问题,比如来自社会、环境、电力、运输、能源、通讯、企业、经济以及行政机构等。

(2) 大系统研究的主要问题包括:

①大系统的建模;

②大系统的可控性和稳定性研究;

③大系统的优化控制;

④对大系统的分级控制。

建立系统的数学模型是研究系统的常用方法之一。一般建立数学模型时,最好要先将系统分解成各个部分或子系统,然后再根据系统各个部分所遵守的数学或物理关系来建立数学模型。对于每一部分,建模之前首先要确定建模的用途,因为一个模型不可能适合于各种用途。还要做好边界的划分,找出边界内部的状态变量和经过边界的扰动变量。常用的物理关系有能量守恒定律、动量守恒定律、质量守恒定律或连续性方程,涉及电学的可能要用到库仑定律、欧姆定律、基尔霍夫定律、法拉第定律或麦克斯韦方程,在涉及化学反应的系统中要考虑化学平衡、组分平衡和相平衡。

以上这些建模都是机理模型。集结法是一种常用建模方法,它的思路就是由系统或子系统中各个中间变量之间的静态或动态映射关系,来推导出输入、输出变量之间的静态或动态关系。通过试验数据可以建立各种数据模型。

2. 大系统的控制

大系统的控制主要有递阶控制、分散控制和分段控制,其中分段控制可以是按时间分段也可以是按功能分段。当大系统可以按层次划分成比较明确的许多子系统或分系统时,这时就可以使用递阶控制,也就是对每个子系统分别控制作为底层,然后再把相关的子系统组织起来形成各个第二阶子系统,并在各个第二阶子系统内进行协调控制,这样逐层的递阶控制直到把整个系统都控制起来。

大系统常用的第二种控制方案就是分层控制结构,这种结构可以体现决策过程中包含的复杂性。在这种控制方案中,控制任务是按层分配的。最内层是调节层,它所调整的是大系统的状态。第二层是优化层,它的作用是优化系统状态的期望值。第三层是自适应层,它的作用是找出系统参数发生的变化以确定调节器参数的变化。最外层是自组织层,它的作用是根据系统的变化,找出对应模型结构的变化，进而为自适应层、优化层和调节层的变化算出确定的变化量。

3. 系统工程

系统工程所包括的范围主要是系统建模、系统分析、系统设计、系统优化和系统规划等。其所处理的系统不仅包括科学和工程领域中的系统，还包括社会领域和经济领域的系统等。系统的建模前面我们已经讲过，系统分析的方法有归纳法和演绎法两种，可以用其中的一种方法，也可以把两种方法结合起来。

系统分析的第一步就是要收集整理资料，要收集有关被分析系统的尽量多的信息，掌握更多的资料。在这些信息资料的基础上，就要为系统建模建立数学模型、逻辑模型或其他模型，之后就要对系统进行优化。最后就是要对结果给出合理的评价。对系统的模型进行优化时，首先要确定优化的目标函数，然后再选择优化的算法。对系统的优化有时需要进行单目标优化，有时需要进行多目标优化。一般做单目标优化时，大多设计成使用优化算法求目标函数的极小值。如做多目标优化，在优化过程中要判断各个目标所围成的区域，并在区域内部或边缘上找到优化点。选择优化算法时，对于静态优化常用的算法有最速下降法、蒙特卡洛法、遗传算法、进化算法、模拟退火算法和蚁群算法等，对于动态的优化有变分法、动态规划法和极大值原理等。

第六章　机械工程新发展

第一节　增材制造与生物制造

一、增材制造

从 20 世纪 90 年代开始,市场环境发生了巨大变化,一方面表现为消费者需求日益主体化、个性化和多样化,另一方面则是产品制造商都着眼于全球市场的激烈竞争。面对市场,不但要设计出符合人们消费需求的产品,而且必须很快地生产制造出来,抢占市场。随着计算机技术的普及和 CAD/CAM 技术的广泛应用,产品从设计造型到制造都有了很大发展,而且产品的开发周期、生产周期、更新周期越来越短。从 20 世纪以来,企业的发展战略已经从 60 年代的"如何做得更多"、70 年代的"如何做得更便宜"、80 年代的"如何做得更好"发展到 90 年代的"如何做得更快"。因此面对一个迅速变化且无法预料的买方市场,以往传统的大批量生产模式对市场的响应就显得越来越迟缓与被动。快速响应市场需求,已成为制造业发展的重要走向。为此,自 20 世纪 90 年代以来,工业化国家一直在不遗余力地开发先进的制造技术,以提高制造工业的水平。计算机、微电子、信息、自动化、新材料和现代化企业管理技术的发展日新月异,产生了一批新的制造技术和制造模式,制造工程与科学取得了前所未有的成就。

(一)增材制造的基本原理及特点

1. 增材制造的基本原理

增材制造就是一种基于离散-堆积原理,由零件三维数据直接驱动制造零件的工艺体系,快速自由成形的制造新技术,它融合了计算机的图形处理技术、数字化信息和控制技术、激光技术、机电技术和材料技术等多项高新技术的优势。学者们对其有多种描述,西北工业大学凝固技术国家重点实验室的黄卫东教授称这种新技术为"数字化增材制造",中国机械工程学会的宋天虎秘书长称其为"增量化制造"。其实它就是不久前引起社会广泛关注的 3D 打印技术的一种，西方媒体把这种实体自由成形制造技术誉为将带来"第三次工业革命"的新技术。

2. 增材制造的特点

增材制造技术的出现，开辟了不用刀具、模具而制作各类零部件的新方法，也改变了传统的去除式机械加工方法，而采用逐层累积式的加工方法，带来了制造方式的变革。从理论上讲，增材制造方式可以制造任意复杂形状的零部件，材料利用率可达 100%。与其他先进制造技术相比，增材制造技术具有如下特点。

（1）自由成形

自由成形制造也是增材制造的另一用语。自由成形制造的含义有三个方面：一是指制造过程无须使用工具、刀具、模具而制作原型或零件，由此可以大大缩短新产品的试制周期并节省工具、模具费用；二是指不受零件形状复杂程度的限制，能够制作任意复杂形状与结构的零部件；三是制作原型所使用的材料不受限制，各种金属和非金属材料均可使用。

（2）制作过程快

从 CAD 数据模型或实体反求获得的数据到原型制成，一般仅需数小时或十几小时，速度比传统的成形加工技术快得多。该技术在新产品开发中改善了设计过程的人机交流，缩短了产品设计与开发周期。以增材制造为母模的快速模具技术，能够在几天时间内制作出所需的实际产品，而通过传统的钢制模具制作产品，至少需要几个月的时间。该项技术的应用，极大地降低了新产品的开发成本和企业研制新产品的风险，可将制造费用降低约 50%，加工周期缩短 70% 以上。

随着信息技术、互联网技术的发展，增材制造技术也更加便于制造服务，能使有限的资源得到充分的利用，也可以快速响应用户的需求。

（3）数字化驱动与累加式的成形方式

无论是哪种增材制造工艺，其材料都是由 CAD 数据直接或间接地驱动成形设备通过逐点、逐层的方式累加成形的。这种通过材料累加制造原型的加工方式，是增材制造技术区别于其他制造技术的显著特点，复制性、互换性较高；同时，制造工艺与制造原型的几何形状无关，在加工复杂曲面时更显优势。

（4）技术高度集成

新材料、激光应用技术、精密伺服驱动技术、计算机技术以及数控技术等的高度集成，共同支撑了增材制造技术的实现，也实现了设计制造一体化。

(5) 应用领域广泛

增材制造技术除了制作原型外，还特别适合于新产品的开发、单件及小批量零件制造、不规则或复杂形状零件制造、模具设计与制造、产品设计的外观评估和装配检验、快速反求与复制，以及难加工材料的制造等。该技术不仅在制造业具有广泛的应用，而且在材料科学与工程、医学、文化艺术及建筑工程等领域也有广阔的应用前景。

(二) 增材制造的分类及主要方法

1. 增材制造的分类

狭义的增材制造是指不同的能量源与 CAD/CAM 技术结合，分层叠加材料的技术体系；而广义的增材制造则是指以材料叠加为基本特征，以直接制造零件为目标的大范畴技术群。如果按照加工材料的类型和加工方式分类，广义的增材制造又可以分为金属成形、非金属成形、生物材料成形等。

增材制造系统按原材料状态可被分为三大类：液体材料增材制造系统（liquid－based AM system）、固体材料增材制造系统（solid－based AM system）和粉末材料增材制造系统（powder－based AM system）。

2. 增材制造的主要方法

这里只重点介绍几种应用广泛的增材制造方法。

(1) 熔融挤压堆积成形 (FDM)

FDM (fused deposition modeling) 工艺的原理：将丝状的热熔性材料进行加热融化，通过带有细微喷嘴的挤出机把材料挤出。喷头可以沿 X 轴的方向移动，工作台则沿 Y 轴和 Z 轴方向移动（当然不同设备其机械结构的设计也不一样），熔融的丝材被挤出后随即会和前一层材料黏合在一起。一层材料沉积后工作台按预定的增量下降一个高度，然后重复以上步骤，直到成形完成。

FDM 工艺的关键是保持半流动成形材料刚好在熔点之上（通常温度控制在比熔点高 1℃ 左右）。FDM 喷头受 CAD 分层数据控制使半流动状态的丝材（丝材直径一般在 1.5mm 以上）从喷头中挤压出来，凝固形成轮廓形状的薄层。每层厚度范围在 0.025～0.762mm，一层叠一层最后形成整个工件模型。

该工艺的优点如下：①整个系统的构造原理和操作简单，维护成本低，系统运行安全；可以使用无毒的原材料，设备系统可以在办公环境中安装使用；②工艺简单，易于操作且不产生垃圾；③独有的水溶性支撑技术，使得去除支撑结构简单易行，可快速构建瓶状或中空零件以及一次成形的装配结构件；④原材料以材料卷的形式提供，易于搬运和快速更换；⑤可选用的材料较多，如各种色彩的工程塑料 ABS、PC、PLA、PPSF 以及医用 ABS 等，以丝状供料；

特种石蜡材料也在该技术中得到广泛应用。

该工艺的缺点如下：①成形精度相对于SLA工艺较低，精度为0.178mm；

②成形表面光洁度不如SLA工艺；③成形速度相对较慢。

（2）激光固化成形

激光固化成形有以下两种工艺。

①立体光固化成形工艺

立体光固化成形（stereo lithography apparatus，SLA）工艺，又称立体光刻成形。其原理是以放置于液槽中的液态光敏树脂为原材料，用计算机控制下的氦－镉激光器或氩离子激光器发射出的紫外激光束按预定零件各分层截面的轮廓（即运动轨迹）对液态树脂逐点扫描，使被扫描区的树脂薄层产生光聚合反应，从而形成零件的一个薄层截面。当一层固化完毕后，工作台将下移一个层厚的距离，在原先固化好的树脂表面再敷上一层新的液态树脂，刮板将黏度较大的树脂液面刮平，以便进行下一层扫描固化。新固化的一层牢固地黏合在前一层上，如此重复直到整个零件原型制造完毕。

该工艺的优点如下：成形工程自动化程度高；尺寸精度高，SLA原型的尺寸精度可以达到±0.1mm；表面质量优良；系统分辨率较高，可制作结构比较复杂的模型或零件。

该工艺的缺点如下：零件较易发生弯曲和变形，需要支撑；设备维护成本较高；可使用的材料种类较少；液态树脂具有气味和毒性，并且需要避光保护；液态树脂固化后的零件较脆，易断裂。

②数字光处理

数字光处理（digital light processing，DLP）激光成形技术和SLA技术相似，不过它使用高分辨率的数字光处理器投影仪来固化液态光聚合物，逐层进行光固化，由于每层固化时通过类似幻灯片的片状固化，因此速度比同类型的SLA技术更快。

这两种工艺共有的特点：成形过程自动化程度高；尺寸精度高；表面质量优良；使CAD数字模型直观化；错误修复的成本低；可加工结构外形复杂或使用传统手段难以成形的原型和模具。

3. 选择性激光烧结工艺

选择性激光烧结（selected laser sintering，SLS）工艺原理：用CO_2激光器作为能源，目前使用的造型材料多为各种粉末材料。先采用压辊在工作台上平铺一层厚度为100～200μm的粉末材料，激光束在计算机控制下按照零件分层轮廓有选择性地进行扫描照射而使粉末的温度升至熔点，从而进行烧结，并与下面已成形的部分实现黏合。一层烧结完成后工作台下降一个层厚的高度,这时压辊又会均匀地在上面铺上一层粉末并开始新一层截面的烧结,直至全部烧结完后去掉多余的粉末,再进行打磨、烘干等后处理便可获得零件。

该工艺的优点如下:①可直接制作金属制件;②材料选择广泛,可使用的材料有尼龙、ABS、树脂裹覆砂(覆膜砂)、聚碳酸酯、金属和陶瓷粉末等;③可制作复杂构件或模具;④不需要增加基座支撑;⑤材料利用率高。

该工艺的缺点如下:①制件表面粗糙,呈现颗粒状;②加工过程中会产生有害气体。

4. 三维喷涂黏结成形

三维喷涂黏结成形(3Dimension printer,3DP)技术由麻省理工学院发明并申请专利,由 ZCORP 公司进行商业化。该项技术自发明并逐步走向市场后,在近年呈飞速发展趋势。

该成形工艺的原理是3D打印材料以超薄层被喷射到构建托盘上,用紫外线固化,并且可以同时喷射两种不同机械特性的材料。完成一层的喷射打印和固化后,设备内置的工作台会极其精准地下降一个成形厚度的高度,喷头继续喷射材料进行下一层的打印和固化,直到整个制件打印制作完成。

该工艺的优点如下:①可同时制作两种及两种以上材料的组合件;②皮革文理清晰,尤其适合内饰件(方向盘、扶手、排挡等)试制;③适用于密封条、密封圈试制;④可一次性制作复杂形状总成零件;⑤细节表现更细致;⑥适用于内外饰小模型制作;⑦成形速度快,成形材料价格低;可以制作彩色原型;粉末在成形过程中起支撑作用,且成形结束后,比较容易去除。

该工艺的缺点是材料强度受限制。

(三) 增材制造的关键技术

1. 材料单元的控制技术

如何控制材料单元在堆积/叠加过程中的物理与化学变化是一个难点,例如金属直接成形中,激光熔化的微小熔池的尺寸和外界气氛控制直接影响制造精度和制件性能。

2. 设备的再涂层技术

增材制造的自动涂层是材料叠加的必要工序,再涂层的工艺方法直接决定了制件在叠加方向上的精度和质量。分层厚度向 0.01mm 发展,控制更小的层厚及其稳定性是提高制件精度和降低表面粗糙度的关键。

3. 高效制造技术

增材制造技术在向大尺寸构件制造技术发展,例如金属激光直接制造飞机上的钛合金框架结构件,框架结构件长度可达 6m,制作时间过长,如何实现多激光束同步制造，提高制造效率，保证同步增材组织之间的一致性和制造结合区域的质量是发展的难点。

此外，为提高效率，增材制造与传统切削制造相结合，发展材料叠加制造与材料去除制造复合制造技术也是发展的方向和关键技术。

（四）增材制造数据处理

1. CAD 三维模型的构建方法

目前，基于数字化的产品快速设计有两种主要途径：一种是根据产品的要求或直接根据二维图样在 CAD 软件平台上进行产品三维模型的概念设计；另一种是在仿制产品时用扫描机对已有的产品实体进行扫描，得到三维模型的反求。

（1）概念设计

目前产品的设计已基本摆脱传统的图样描述方式，而是利用计算机辅助设计软件直接在三维造型软件平台上进行。目前，商品化的 CAD/CAM 一体化软件为产品的造型设计提供了自由的空间，使设计者的概念设计能够随心所欲，且特征修改也十分方便。其中，应用较多的具有三维造型功能的 CAD/CAM 软件主要有 UGNX、Pro/E、CATIA、Cimatron、Delcam、Solidedge、MDT 等。

一般来说，从事快速成型研究与服务的机构和部门都已经配备了三维设计手段，一般的设计开发部门也逐渐地由传统的 2D 设计发展到 3D 设计。随着计算机硬件的迅猛发展，许多原来基于计算机工作站开发的 CAD/CAM 系统已经移植到个人计算机上，反过来，也促进了 CAD/CAM 软件的普及。

（2）反求工程技术

反求工程（reverse engineering，RE）技术又称逆向工程技术，这一术语起源于 20 世纪 60 年代，但从工程的广泛性、反求的科学性方面进行深化还是从 20 世纪 90 年代初开始的。反求工程类似于反向推理，属于逆向思维体系，它以社会方法学为指导，以现代设计理论、方法、技术为基础，运用各种专业人员的工程设计经验、知识和创新思维，对已有的产品进行解剖、分析、重构和再创造。在工程设计领域，它具有独特的内涵。

反求工程技术是测量技术、数据处理技术、图形处理技术和加工技术相结合的一门结合性技术。随着计算机技术的飞速发展，反求工程技术近年来在新产品的设计开发中得到愈来愈多的实际应用。反求工程技术在产品设计开发过程中是以产品及设备的实物、软件（图样、程序及技术文件）或影像（照片、图片）等作为研究对象，反求出初始的设计意图，包括形状、材料、工艺、强度等诸多方面。简单地说，反求就是对存在的实物模型或零件进行测量，并根据测量数据重构出实物的 CAD 模型，进而对实物进行分析、修改、检验和制造的过程。反求工程技术主要用于已有零件的复制，损坏或磨损零件的还原，模型精度的提高及数字化模型检测等。所以在汽车、摩托车的外形覆盖件和内装饰件的设计，家电产品外形设计，艺术品的复制中对反求工程技术的应用需求尤为迫切。

反求工程技术不是传统意义上的仿制，而是综合应用现代化工业设计的理论方法、生产工程学、材料学及其他有关专业知识，系统地分析研究，进而快速开发制造出高附加值、高技术水平的新产品。反求工程对用 CAD 设计的零件模型，以及活性组织和艺术模型的数据摄取是非常有利的工具，对快速实现产品的改进和完善或参考设计等具有重要的工程应用价值。尤其是该项技术与快速成型技术相结合，可以实现产品的快速三维复制，还可以通过 CAD 重新建模修改或快速成型工艺参数的调整，实现零件或模型的变异复原。

反求的主要方法有三坐标测量法、投影光栅法、激光三角形法、核磁共振和 CT 法以及自动断层扫描法等。常用的扫描机有传统的坐标测量机（coordinate measurement machine，CMM）、激光扫描仪（laser scanner）、零件断层扫描机（cross section scanner）以及 CT（computer tomography）和 MRI（magnetic resonance imagine）等。

采用反求工程技术进行产品快速设计，需要对样品进行数据采集和处理，反求工程中离散数据的处理工作量较大。通常，反求系统中应自带具有一定功能的数据拟合软件，或借用常用的 CAD/CAM 软件如 UGNX、Pro/E、SolidWorks 等，也有独立的曲面拟合与修补软件如 Surface 等。

反求工程对企业的生产制造过程至关重要。如何从企业仅有的样件、油泥模型、模具等"物理世界"快速地过渡到计算机可以随心所欲处理的"数字世界"，这是制造业普遍面临的实际问题。

Imageware Surfacer 软件是 SDRC（structural dynamics research corporation）公司推出的逆向工程软件，是对产品开发过程前后阶段的补充，是专门用于将扫描数据转换成曲面模型的软件。Imageware Surfacer 提供了在逆向工程、曲面设计和曲面评估方面最好的功能，它能接收各种不同来源的数据，通过数据能够生成高质量曲线和曲面几何形状。该软件能够进行曲面检定，分析曲面与实际点的距离，具有着色、反射或曲率分析及横截面功能。曲线和曲面可以进行即时交换式形状修改。Imageware Surfacer 软件具有扫描点处理、曲面制造、曲面分析、曲线处理以及曲面处理等功能和模块。

2. STL 数据文件及处理

快速成型制造设备目前能够接受诸如 STL、SLC、CLI、RPI、LEAF、

SIF 等多种数据格式。其中由美国 3D Systems 公司开发的 STL 文件格式可以被大多数快速成型制造设备所接受，因此被工业界认为是目前快速成型数据的标准，几乎所有类型的快速成型制造系统都支持该格式。

（1）STL 格式简介

STL 是在计算机图形应用系统中，用于表示三角形网格的一种文件格式。它的格式非常简单，应用很广泛。STL 用三角形网格来表现 3D CAD 模型，但只能用来表示封闭的面或者体。STL 文件有两种格式：一种是 ASCII 明码格式，另一种是二进制格式。

（2）STL 文件格式

①ASCII 格式

ASCI 格式的 STL 文件逐行给出三角面片的几何信息，每一行以 1 个或 2 个关键字开头。

STL 文件中的信息单元 facet 是一个带矢量方向的三角面片，STL 三维模型就是由一系列这样的三角面片构成的。

整个 STL 文件的首行给出文件路径及文件名。在一个 STL 文件中，每一个 facet 由 7 行数据组成，facetnormal 是三角面片指向实体外部的法的矢量坐标，outerloop 说明随后的 3 行数据分别是三角面片的 3 个顶点坐标，3 个顶点沿指向实体外部的法向矢量方向逆时针排列。

②二进制格式

二进制格式的 STL 文件用固定的字节数来给出三角面片的几何信息。

文件起始的 80 个字节是文件头，用于存储文件名。紧接着用 4 个字节的整数来描述模型的三角面片个数。后面逐个给出每个三角面片的几何信息，每个三角面片占用固定的 50 个字节，依次是：3 个 4 字节浮点数（三角面片的法向矢量）；3 个 4 字节浮点数（第一个顶点的坐标）；3 个 4 字节浮点数（第二个顶点的坐标）；3 个 4 字节浮点数（第三个顶点的坐标）。最后用 2 个字节来描述三角面片的属性信息。

一个完整二进制 STL 文件的大小为三角面片数乘以 50 再加上 84 个字节。

（3）STL 文件的精度

STL 文件采用小三角形来逼近三维实体模型的外表面。STL 文件逼近 CAD 模型的精度指标表面上是小三角形的数量，但实质上是三角形平面逼近曲面时的弦差的大小。弦差即近似三角形的轮廓边与曲面之间的径向距离。从本质上看，用有限的小三角形平面的组合来逼近 CAD 模型表面，是原始模型的一阶近似，它不包括邻接解关系信息，不可能完全表达原始设计的意图，离真正的表面有一定的距离，而在边界上有凸凹现象，所以无法避免误差。显然，精度要求越高，选取的小三角形平面应该越多。但是对本身面向快速成型制造所要求的 CAD 模型的 STL 文件而言，过高的精度要求也是不必要的。因为过高的精度要求可能会超出快速成型制造系统所能达到的精度指标，而且小三角形平面数量的增多需要加大计算机存储容量，同时带来切片处理时间的显著增加，有时截面的轮廓会产生许多小线段，不利于激光头的扫描运动，导致生产效率低和表面光洁度差。所以从 CAD/CAM 软件输出 STL 文件时，选取的精度指标和控制参数，应该根据 CAD 模型的复杂程度以及快速成型系统的精度要求进行综合考虑。

3. 三维模型的切片处理

在快速成型制造系统中，切片处理及切片软件是极为重要的。切片的目的是将模型以片层方式来描述。通过这种描述，无论零件多复杂，从每一层来说都是简单的平面。

切片处理时将计算机中的几何模型变成轮廓线来描述。这些轮廓线代表了片层的边界，是用一个以 Z 轴正方向为法向的数学平面与模型相交计算而得到的，交点的计算方法与输入的几何形状有关，计算后得到的输出数据是统一的文件格式。轮廓线是一系列的环路组成的，环路由许多点组成。

切片软件的主要作用及任务是接收正确的 STL 文件，并生成指定方向的截面轮廓线和网格扫描线。

（1）STL 切片

①直接 STL 切片

20 世纪 80 年代，3D Systems 公司的 Albert 顾问小组鉴于当时计算机软硬件技术相对落后，便参考 FEM（finite elements method）单元划分和 CAD 模型着色的三角化方法对任意曲面 CAD 模型做小三角形平面近似，开发了 STL 文件格式，并由此建立了从近似模型中进行切片获取截面轮廓信息的统一方法，沿用至今。直接 STL 切片实际上就是三维模型的一种单元表示法，它以小三角形平面为基本描述单元来近似模型表面。

切片是几何体与一系列平行平面求交的过程，切片的结果是产生一系列用曲线边界表示的实体截面轮廓，组成一个截面的边界轮廓环之间只存在两种位置关系，包容或相离。切片算法取决于输入几何体的表示格式。STL 格式采用小三角形平面近似实体表面，这种表示法最大的优点就是切片算法简单易行，只需要一次与每个三角形求交即可。

②容错切片

容错切片（tolerate errors slicing）基本上可避开 STL 文件三维层次上的纠错问题，直接对 STL 文件切片，并在二维层次上进行修复。由于三维轮廓信息简单，并具有闭合、不相交等简单的约束条件，特别是对于一般机械零件实体模型而言，其切片轮廓多由简单的直线、圆弧、低次曲线组合而成，因而能容易地在轮廓信息层次上发现错误，依照以上多种条件与信息，进行多余轮廓去除、轮廓断点插补等操作，可以切出正确的轮廓。对于不封闭轮廓，采用评价函数和裂纹跟踪处理，在一般三维实体模型随机丢失10%三角形的情况下，都可以切出有效的边界轮廓。

③定层厚切片

快速成型制造技术实质上是分层制造、层层叠加的过程。分层切片是指对已知的三维CAD实体数据模型求某方向的连续截面的过程。切片模块在系统中起着承上启下的作用，其结果直接影响加工零件的规模、精度，它的效率也关系到整个系统的效率。切片处理的数据对象只是大量的小三角形平面，因此切片的问题实质上是平面与平面的求交问题。

定层厚切片算法过程如下。

第一步：排除奇异点。分层处理时，如有三角形顶点落在切平面上，则该点称为奇异点若将切片过程中出现的奇异点带入后续处理中，会使得后续算法复杂，因此首先要设法排除奇异点。根据当前切片面高度，搜索所有的三角形顶点，判断是否存在奇异点。若存在奇异点，则用微动法调整切平面高度，使其避开奇异点。

第二步：搜索求交。搜索求交即依次去除组成实体表面的每一个三角形平面，判断它是否与切平面相交，若相交，则计算出两交点坐标。

第三步：整序保存。搜索求交计算出的是一条条杂乱无序的交线，为便于后续处理，必须将这些杂乱无章的交线依次连接起来，组成首尾相连的闭合轮廓。

重复以上过程，即可得到CAD实体零件分层后的每个截面数据，然后根据相应的文件格式将所有信息写入层面文件，待下一步软件处理生成加工扫描文件。

④适应性切片

适应性切片（adaptive slicing）根据零件的几何特征来决定切片的厚度，在轮廓变化频繁的地方采用小厚度切片，在轮廓变化平缓的地方采用大厚度切片。与定层厚切片方法比较，可以减小Z轴误差、阶梯效应与数据文件的长度。

（2）直接切片

在工业应用中，保持从概念设计到最终产品模型的一致性是非常重要的。在很多案例中，原始CAD模型本来已经精确表示了设计意图，STL文件反而降低了模型的精度。而且使用 STL 文件表示方形物体精度较高，表示圆柱形、球形物体精度较低。对于高次曲面物体，使用 STL 格式会导致文件大、切片费时，这就迫切需要抛开 STL 文件，直接从 CAD 模型中获取截面描述信息。在加工高次曲面时，直接切片（direct slicing）明显优于 STL 切片。相比较而言，采用原始 CAD 模型进行直接切片具有如下优点：①能减少快速成型的前处理时间；②可避免 STL 文件的检查和纠错过程；③可降低模型文件的规模；④能直接采用快速成型数控系统的曲线插补功能，从而可提高工件的表面质量；⑤能提高原型件的精度。

直接切片的方法有多种，如基于 ACIS 的直接切片法和基于 ARX SDK 的直接切片法等。

（五）增材制造技术的应用领域、发展方向及面临问题

1. 增材制造技术的应用领域

不断提高增材制造技术的应用水平是推动增材制造技术发展的重要措施。目前，增材制造技术已在工业造型、机械制造、航空航天、军事、建筑、影视、家电、轻工、医学、考古、文化艺术、雕刻等领域都得到了广泛应用。

随着这一技术的发展，其应用领域将不断拓展。增材制造技术的实际应用主要体现在以下几个方面。

（1）新产品开发过程中的设计验证与功能验证

该技术可快速地将产品设计的 CAD 模型转换成物理实物模型，这样可以方便地验证设计人员的设计思想和产品结构的合理性、可装配性、美观性，发现设计中的问题可及时修改。这不仅缩短了开发周期，而且降低了开发费用，也使企业在激烈的市场竞争中抢占先机。

（2）可制造性、可装配性检验和供货询价、市场宣传

对有限空间的复杂系统，如汽车、卫星、导弹等的可制造性和可装配性用增材制造获得的原型进行检验和设计，将大大降低此类系统的设计制造难度。对于难以确定的复杂零件，可以用增材制造技术进行试生产以确定最佳的工艺。此外，增材制造原型还是产品从设计到商品化各个环节中进行交流的有效工具，比如为客户提供产品样件、进行市场宣传等。增材制造技术已成为并行工程和敏捷制造的一种技术途径。

（3）单件、小批量和特殊复杂零件的直接生产

高分子材料的零部件可用高强度的工程塑料直接快速成型，满足使用要求。复杂金属零件可通过快速铸造或直接金属件成形等增材制造技术获得，该项应用对航空航天及国防工业有特殊意义。

（4）快速模具制造

通过各种转换技术将增材制造原型转换成各种快速模具，如低熔点合金模、硅胶模、金属冷喷模、陶瓷模等，进行中小批量零件的生产，满足产品更新换代快、批量越来越小的发展趋势。

（5）在医学领域的应用

近几年来，人们对增材制造技术在医学领域的应用研究逐渐加深，以医学影像数据为基础，利用增材制造技术制作人体器官模型，对外科手术有极大的应用价值。

（6）在文化艺术领域的应用

在文化艺术领域，增材制造技术多用于艺术创作、文物复制、数字雕塑等。

（7）在航空航天技术领域的应用

在航空航天领域中，空气动力学地面模拟实验（即风洞实验）是设计性能先进的天地往返系统（即航天飞机）所必需的重要环节。该实验中所用的模型形状复杂，精度要求高，又具有流线型特性，采用增材制造技术，根据 CAD 模型，由增材制造设备自动完成实体模型，能够很好地保证模型质量。

（8）在家电行业的应用

目前，增材制造技术在国内的家电行业中得到了很大程度的普及与应用，使得许多家电企业走在了国内前列。如：广东的美的、华宝、科龙，江苏的春兰、小天鹅，青岛的海尔等，都采用增材制造系统来开发新产品，取得了很好的效果。

2. 增材制造技术的发展方向

从目前增材制造技术的研究和应用现状来看，该技术的进一步研究和开发工作主要有以下几个方面：（1）开发性能好的快速成型材料，如成本低、易成形、变形小、强度高、耐久及无污染的成形材料。（2）提高增材制造系统的加工速度，开拓并行制造的工艺方法。（3）改善成形系统的可靠性，提高其生产效率和制作大件的能力，优化设备结构，以提高成形件的精度、表面质量、力学和物理性能，为进一步进行模具加工和功能实验提供基础。（4）开发高性能增材制造技术软件。提高数据处理速度和精度，研究开发利用 CAD 原始数据直接切片的方法，减少由 STL 格式转换和切片处理过程所产生精度损失。（5）开发新的成形能源。（6）增材制造方法和工艺的改进和创新。直接金属成形技术将会成为今后研究与应用的又一个热点。（7）进行增材制造技术与 CAD、CAE、RT、CAPP、CAM 以及高精度自动测量、反求工程的集成研究。

3. 增材制造技术面临的问题

目前增材制造技术还是面临着很多问题，问题大多来自技术本身的发展水平，其中最突出的表现在如下几个方面。

(1) 工艺问题

增材制造的基础是分层叠加原理，所以用什么材料进行分层叠加，以及如何进行分层叠加大有研究价值。因此，除了上述常见的分层叠加成形法之外，还需研究开发一些新的分层叠加成形法，以便进一步改善制件的性能，提高成形精度和成形效率。

(2) 材料问题

成形材料研究一直都是一个热点问题，材料性能要满足：有利于快速、精确加工；用于直接制造功能件的材料要接近零件最终用途对强度、刚度、耐潮、热稳定性等的要求；有利于成形件的后续处理。

发展全新的增材制造材料，特别是复合材料，例如纳米材料、非均质材料、其他方法难以制作的材料等仍是努力的方向。

(3) 精度问题

目前，增材制造成形件的精度一般为±0.1mm。增材制造技术的基本原理决定了其难以达到与传统机械加工同等水平的表面质量和精度，把增材制造的基本成形思想与传统机械加工方法集成，优势互补，是改善增材制造成形精度的重要方法之一。

(4) 软件问题

目前，增材制造系统使用的分层切片算法都是基于 STL 文件进行转换的，而 STL 文件的数据表示方法存在不少缺陷，如三角形网格会出现一些空隙而造成数据丢失，还有平面分层所造成的台阶效应，也降低了成形件表面质量和精度。目前，应着力开发新的模型切片方法，如基于特征的模型直接切片法、曲面分层法，即不进行 STL 文件转换，直接对 CAD 模型进行切片处理，得到模型的各个截面轮廓，或利用反求工程得到的逐层切片数据直接驱动快速成型系统，从而减少三角形网格近似产生的误差，提高成形精度和速度。

(5) 能源问题

当前增材制造技术所采用的能源有光能、热能、化学能、机械能等。在能源密度、能源控制的精细性等方面均需进一步提高。

二、生物制造

(一) 生物制造的概念

生物制造技术是全球战略性新兴产业，是由生物学科及制造学科相互渗透、交叉形成的新技术，该技术以传统制造科学为基础，结合生命科学、材料科学和信息技术不断发展而来，主要包括生物制造工程、生物制造系统、生物制造产业、生物制造工艺和生物制造新材料等领域。以现代生物技术为基础的生物制造技术成为继信息技术之后的又一具备战略意义的先进制造技术，正逐渐成为支撑全球社会经济可持续发展的重要保障。

生物制造是一门新兴交叉科学，它结合先进的生物研究成果及制造技术生产出具有特定功能及生物活性的组织和器官。其制造过程、制造系统和生命过程、生命系统在许多方面有相似之处，都有自组织性、自适应性、协调性、应变性、智性和柔性。生物制造是一种新的制造模式，这种新的仿生加工方法，将为制造科学提供新的研究课题并丰富制造科学的内涵。

随着生物制造研究的进展以及学科的交叉融合，人们对生物制造的认识进一步加深，同时对其概念也逐渐达成一致。生物制造可定义为狭义和广义两个层次，广义的生物制造包括仿生制造、生物质和生物体制造，以及涉及生物学和医学的制造科学和技术；狭义的生物制造，即运用现代制造科学和生命科学的原理和方法，通过单个细胞或细胞团簇的直接和间接受控组装，完成具有新陈代谢特征的生命体成型和制造，经培养和训练，可以修复或替代人体病损组织和器官。

（二）生物制造的主要研究方向

目前，生物制造工程的研究方向是如何把制造科学、生命科学、计算机技术、信息技术、材料科学各领域的最新成果组合起来，彼此沟通，用于制造业，这是生物制造工程的主要任务。归纳下来，生物制造主要有两大类的研究方向：仿生制造和生物成型制造。

1. 仿生制造

仿生制造（Bionic Manufacturing，BM）是指模仿生物的组织结构和运行模式的制造系统与制造过程。它通过模拟生物器官的自组织、自愈、自增长与自进化等功能，以迅速响应市场需求并保护自然环境。

仿生制造的研究方向主要有三个：生物组织和结构的仿生、生物遗传制造和生物控制的仿生。

（1）生物组织和结构的仿生

生物组织和结构的仿生一般是指生物活性组织的工程化制造和类生物智能体的制造。

生物活性组织的工程化制造是指将组织工程材料与增材制造结合，采用生物相容性和生物可降解性材料，制造生长单元的框架，在生长单元内部注入生长因子，使各生长单元并行生长，以解决与人体的相容性和与个体的适配性，以及快速生成的需求,实现人体器官的人工制造。

类生物智能体的制造是指利用可以通过控制含水量来控制伸缩的高分子材料,制成人工肌肉。类生物智能体的最高发展是依靠生物分子的生物化学作用,制造类人脑的生物计算机芯片,即生物存储体和逻辑装置。

(2) 生物遗传制造

生物遗传制造是指依靠生物 DNA 的自我复制,利用转基因实现一定几何形状、各几何形状位置不同的物理力学性能、生物材料和非生物材料的有机结合,并根据生成物的各种特征,以人工控制生长单元体内的遗传信息为手段,直接生长出任何人类所需要的产品,如人或动物的骨骼、器官、肢体,以及生物材料结构的机器零部件等。

(3) 生物控制的仿生

生物控制的仿生是指应用生物控制原理来计算、分析和控制制造过程。例如,人工神经网络、遗传算法、鱼群算法、人工智能体、仿生测量研究、面向生物工程的微操作系统原理等。

2. 生物成型制造

生物成型制造是借助于生物形体及其生长过程完成具有新陈代谢特征生命体的成型和制造技术。与非生命系统相比,生物系统是尺度最微细、功能最复杂的系统。目前世界上发现有 10 万多种微生物,其大部分为微纳级尺度,具有不同的标准几何外形与亚结构,不同的生理机能和遗传特性。这就有可能找到"吃"某些工程材料的菌种,以实现生物的去除成型;可通过复制或金属化不同标准外形与亚结构的菌种,再经排序或微操作,实现生物的约束成型;也可通过控制基因的遗传形状特征和遗传生理特征,生长出所需的外形和物理功能,实现生物的生长成型;还可通过连接成型、自组装成型等技术实现不同生物体的成型制造。以下仅简单介绍生物去除成型、生物的约束成型和生物生长成型三种生物成型制造的方法。

(1) 生物去除成型

生物去除成型即利用生物的机能实现对材料的去除控制并达到成型的目的。例如,氧化亚铁硫杆菌 T-9 是中温、好氧、嗜酸、专性无机化能自养菌,其主要生物特性是将亚铁离子氧化成高铁离子,以及将其他低价无机硫化物氧化成硫酸和硫酸盐,并从中获得生长所需要的能量。加工时,可掩膜控制去除区域,利用细菌刻蚀达到成型的目的。

具体制造过程:首先将工件材料(纯铁、纯铜等)表面进行抛光和清洗,再贴上一层抗蚀剂干膜,在掩膜覆盖下经紫外线曝光、显影,最后制备出所需图形保护膜的试件;之后将试件置于氧化亚铁硫酸杆菌培养液,硫酸杆菌对没有抗腐蚀膜保护的试件表面进行腐蚀。

(2) 生物约束成型

机械微小结构的形状很小，用常规的机械加工方法很难实现。然而，目前已发现的微生物中大部分细菌直径只有 1μm 左右，菌体有各种各样的标准几何外形。采用合适的方法使这些微小细菌金属化，可以实现微小机械结构的成型制造。例如，构造微管道、微电极、微导线等；构造蜂窝结构、复合材料、多孔材料等；去除蜂窝结构表面，构造微孔过滤膜、光学衍射孔等。

(3) 生物生长成形

生物体和生物分子具有繁殖、代谢、生长、遗传、重组等特点。未来将实现人工控制细胞团的生长外形和生理功能的生物生长成型技术。可以利用生物生长技术控制基因的遗传形状特征和遗传生理特征，生长出所需外形和生理功能的人工器官，用于延长人类生命或构造生物型微机电系统。

(三) 生物制造的应用实例

1. 生物计算机

大规模集成电路（计算机核心元件）的材料为硅。提高集成度后，将引起难以解决的散热问题，生物计算机则可以避免以上缺点。它采用生物制造技术制造出生物芯片，能够让大量的 DNA 分子在某种酶的作用下进行化学反应，从而使生物计算机同时运行几十亿次，它的芯片本身还具有并行处理的功能，其运算速度要比当今最新一代的计算机快 10 万倍，能量消耗仅相当于普通计算机的十亿分之一，存储信息的空间仅占百亿亿分之一。生物芯片出现故障后，可以进行自我修复，所以具有自愈能力。因此，它的优越性远远高于普通无机材料制备的计算机。

2. 视网膜芯片

美国加利福尼亚大学伯克利分校和匈牙利国家科学院采用生物制造技术研制出了能够模拟人眼视网膜功能的生物视网膜芯片。该芯片是由一个无线录像装置和一个激光驱动的、固定在视网膜上的微型电脑芯片组成的。在计算机系统中，方形光束被转化为 12 幅由兴奋性和抑制性信号构成的时空图片，和真正视网膜中所产生的影像十分相似。只要视神经没有损坏，能植入这一半颗米粒大小的视网膜芯片，就可以看到光线和图像。

3. 个性化人造器官

采用生物制造技术可以实现一种更简单的人造器官方法：把作为支架的高分子材料、细胞和生长因子混合在一起，注射到患者体内需要修复的部位，让这些原料"长"出一个完整的器官来。到时，去医院修补器官就像现在打针一样方便。这种新的方法称为"可注射工程"。我国的曹谊林教授采用生物制造技术在裸鼠身上移植了世界上第一个个性化人造耳。

第二节　智能制造与工业 4.0

一、智能制造

(一) 智能制造概述

1. 智能制造的内涵

20 世纪 80 年代,随着人工智能技术引入制造领域,智能制造(Intelligent Manufacturing,IM)新型制造模式诞生。经历多年缓慢地推进,尤其最近十年,由于以云计算、物联网和大数据为代表的新一代信息技术与制造业的融合,智能制造技术得到爆发性的发展。世界各国纷纷将智能制造作为重振和发展制造业的主要抓手,如"工业 4.0"强调智能生产和智能工厂,"工业互联网"强调智能装备、智能系统和智能决策三要素的整合,"中国制造 2025"将智能制造作为信息化与工业化两化深度融合的主攻方向。与此同时,智能制造的内涵也在不断地拓展和延伸,其中人工智能成分在弱化,而信息技术、网络互联等概念不断被强化。智能制造的范围也得到不断扩展:在横向,从传统制造环节延伸到产品全生命周期;在纵向,从制造装备延伸到制造车间、制造企业甚至企业的生态系统。

目前,国内的权威专家将智能制造定义为智能制造是面向产品的全生命周期,以新一代信息技术为基础,以制造系统为载体,在其关键环节或过程具有一定自主性的感知、学习、分析、决策、通信和协调控制能力,能动态地适应制造环境的变化,从而实现预定的优化目标。

上述智能制造的定义包括如下内涵:

(1) 智能制造是面向产品全生命周期而非狭义的加工生产环节,产品是智能制造的目标对象。

(2) 智能制造以云计算、物联网、大数据等新一代信息技术为基础,是泛在感知条件下的信息化制造。

(3) 智能制造的载体是不同层次的制造系统,制造系统的构成包括目标产品、制造资源、制造活动以及企业运营管理模式。

(4) 智能制造技术的应用是针对制造系统的关键环节或过程,而不一定是其全部。

(5) "智能"的制造系统,必须具备一定自主性的感知、学习、分析、决策、通信与协调控制能力，以有别于"自动化制造系统"和"数字化制造系统"；同时"能动态地适应制造环境的变化"，以区别仅具有"优化计算"能力的系统。

2. 智能制造的特征

智能制造的特点在于实时智能感知、智能优化决策、智能动态执行等三个方面：一是数据的实时感知，智能制造需要大量的数据支持，通过利用高效、标准的方法实时进行信息采集、自动识别，并将信息传输到分析决策系统；二是优化决策，通过面向产品全生命周期的海量异构信息的挖掘提炼、计算分析、推理预测，形成优化制造过程的决策指令；三是动态执行，根据决策指令，通过执行系统控制制造过程的状态，实现稳定、安全的运行和动态调整。

在制造全球化、产品个性化、"互联网＋制造"的大背景下，智能制造体现出如下系统特征。

（1）大系统。大系统的基本特征是大型性、复杂性、动态性、不确定性、人为因素性、等级层次性等。显然，智能制造系统（特别是车间级以上的系统）完全符合这些特征，体现为全球分散化制造，任何企业或个人都可以参与产品设计、制造与服务，智能工厂和智能交通物流、智能电网等都将发生联系，通过工业互联网，大量的数据被采集并送入云网络。为了更好地分析系统的特性和演化规律，需要用到复杂性科学、大系统理论、大数据分析等理论方法。

（2）信息驱动下的"感知→分析→决策→执行与反馈"的大闭环。制造系统中的每一个智能活动都必然具备该特征。以智能设计为例，所谓"感知"，即跟踪产品的制造过程，了解设计缺陷，并通过服务大数据，掌握客户需求；所谓"分析"，即分析各种数据并建立设计目标；所谓"决策"，即进行智能优化设计；所谓"执行与反馈"，即通过产品制造、使用和服务，使设计结果变为现实可用的产品，并向设计提供反馈。

（3）系统进化和自学习。即智能制造系统能够通过感知并分析外部信息，主动调整系统结构和运行参数，不断完善自我并动态适应环境的变化。在系统结构的进化方面，从车间与工厂的重构，到企业合作联盟重组，再到众包设计、众包生产，通过自学习、自组织功能，制造系统的结构可以随时按需进行调整，从而通过最佳资源组合实现高效产出的目标。在运行参数的进化方面，生产过程工艺参数的自适应调整、基于实时反馈信息的动态调度等都是典型的例子。

（4）集中智能与群体智能相结合。"工业4.0"中有一个非常重要的概念：信息物理系统（CPS），拥有CPS的物理实体将具有一定的智能，能够自律地工作,并能与其他实体进行通信与协作,同样,人与机器之间也能够互联互通,这实际上体现了分散型智能或群体智能的思想,与集中管控所代表的集中型智能相比,它的好处就是:能够自组织、自协调、自决策,动态灵活,从而快速响应变化。当然,集中型智能还是不能缺少的,类似于人类社会,博弈论中的"囚徒困境"问题在群体智能中依然存在。

(5) 人与机器的融合。随着人机协同机器人、可穿戴设备的发展,人和机器的融合在制造系统中会有越来越多的应用体现,机器是人的体力、感官和脑力的延伸,但人依然是智能制造系统中的关键因素。

(6) 虚拟与物理的融合。智能制造系统蕴含了两个世界,一个是由机器实体和人构成的物理世界,另一个是由数字模型、状态信息和控制信息构成的虚拟世界,未来这两个世界将深度融合,难以区分彼此。一方面,产品的设计与工艺在实际执行之前,可以在虚拟世界中进行100%的验证;另一方面,生产与使用过程中,实际世界的状态,可以在虚拟环境中实时、动态、逼真地呈现。

3. 智能制造目标

"智能制造"概念刚提出时,其预期目标是比较狭义的,即"使智能机器在没有人工干预的情况下进行小批量生产",随着智能制造内涵的扩大,智能制造的目标已变得非常宏大。下面结合不同行业的产品特点和需求,从4个方面对智能制造的目标特征作归纳阐述。

(1) 满足客户的个性化定制需求

在家电、3C(计算机、通信和消费类电子产品)等行业,产品的个性化来源于客户多样化与动态变化的定制需求,企业必须具备提供个性化产品的能力,才能在激烈的市场竞争中生存下来。智能制造技术可以从多方面为个性化产品的快速推出提供支持,比如,通过智能设计手段缩短产品的研制周期,通过智能制造装备(比如智能柔性生产线、机器人、3D打印设备)提高生产的柔性,从而适应单件小批生产模式等。

(2) 实现复杂零件的高品质制造

在航空、航天、船舶、汽车等行业,存在许多结构复杂、加工质量要求非常高的零件。以航空发动机的机匣为例,它是典型的薄壳环形复杂零件,最大直径可达3m,其外表面分布有安装发动机附件的凸台、加强筋、减重型槽及花边等复杂结构,壁厚变化较大。用传统方法加工时,加工变形难以控制,质量一致性难以保证,变形量的超差将导致发动机在服役时发生振动,严重时甚至会造成灾难性事故。对于这类复杂零件,采用智能制造技术,在线监测加工过程中力—热变形场的分布特点,实时掌握加工中工况的突变规律,并针对工况变化即时决策，使制造装备自律运行，可以显著地提升零件的制造质量。

（3）保证高效率的同时，实现可持续制造

可持续制造是可持续发展对制造业的必然要求。从环境方面考虑，可持续制造首先要考虑的因素是能源和原材料消耗。这是因为制造业能耗占全球能量消耗的33%。当前许多制造企业通常优先考虑效率、成本和质量，对降低能耗认识不够。然而实际情况是不仅在化工、钢铁、锻造等流程行业，而且在汽车、电力装备等离散制造行业，对节能降耗都有迫切的需求。以离散机械加工行业为例，我国机床保有量世界第一，有800多万台。若每台机床额定功率按平均为5~10kW计算，我国机床装备总的额定功率为4000万~8000万千瓦，相当于三峡电站总装机容量2250万千瓦的1.8~3.6倍。智能制造技术能够有力地支持高效可持续制造，首先，通过传感器等手段可以实时掌握能源利用情况；其次，通过能耗和效率的综合智能优化，获得最佳的生产方案并进行能源的综合调度，提高能源的利用效率；最后，通过制造生态环境的一些改变，比如改变生产的地域和组织方式，与电网开展深度合作等，可以进一步从大系统层面实现节能降耗。

（4）提升产品价值，拓展价值链

产品的价值体现在"研发→制造→服务"的产品全生命周期的每一个环节，根据制造业的"微笑曲线"理论，制造过程的利润空间通常比较低，而研发与服务阶段的利润往往更高，通过智能制造技术，有助于企业拓展价值空间。其一，通过产品智能化升级和产品智能设计技术，实现产品创新，提升产品价值；其二，通过产品个性化定制、产品使用过程的在线实时监测、远程故障诊断等智能服务手段，创造产品新价值，拓展价值链。

（二）智能制造的技术基础

要实现智能制造，必须在产品设计制造服役全过程实现信息的智能传感与测量、智能计算与分析、智能决策与控制，涉及CPS、工业物联网、云计算、工业大数据、工业机器人、3D打印、RFID、虚拟制造和人工智能等技术基础。以下仅简要介绍CPS、工业物联网、云计算、工业大数据、RFID、实时定位和机器视觉、人工智能等技术基础。

1. 信息物理系统

信息物理系统（Cyber Physical System，CPS），也称为"虚拟网络－实体物理"生产系统，其目标是使物理系统具有计算、通信、精确控制、远程合作和自治等能力，通过互联网组成各种相应自治控制系统和信息服务系统，完成现实社会与虚拟空间的有机协调。与物联网相比，CPS更强调循环反馈，要求系统能够在感知物理世界之后通过通信与计算再对物理世界起到反馈控制作用。在这样的系统中，一个工件就能算出自己需要哪些服务。通过数字化逐步升级现有生产设施，这样生产系统可以实现全新的体系结构。这意味着这一概念不仅可在全新的工厂得以实现，而且能在现有工厂的升级过程中得到改造。

CPS 是一个综合计算、网络和物理环境的多维复杂系统，通过 3C 技术的有机融合与深度协作，实现制造的实时感知、动态控制和信息服务。

CPS 实现计算、通信与物理系统的一体化设计，可使系统更加可靠、高效、实时协同，具有重要而广泛的应用前景。CPS 系统把计算与通信深深地嵌入实物过程，使之与实物过程密切互动，从而给实物系统添加新的能力。

2. 工业物联网

物联网（The Internet of Things，IoT）可以实现物品间的全面感知、可靠传输和智能处理，利用事先在物品或设施中嵌入的传感器与现代化数据采集设备，将客观世界中的物品信息最大限度地数据化，再利用物品识别技术与通信技术将数据化的物品信息连入互联网，形成一个物品与物品相互连接的巨大的分布式网络，然后再把这些信息传递到后台服务器上进行整理、加工、分析和处理，最后利用分析与处理的结果对客观世界中的物品进行管理和相应控制。

物联网技术实现了客观世界中的物物相连，它是继计算机、互联网之后，蓬勃兴起的世界信息技术的又一次革命，是人类社会以信息技术应用为核心的技术延展。物联网与传统产业的全面融合，将成为全球新一轮社会经济发展的主导力量。

3. 云计算技术

云计算（Cloud Computing）由分布式计算、并行处理、网格计算发展而来，是一种新兴的商业计算模型。目前，云计算仍然缺乏普遍一致的定义。国际商业机器公司（IBM）于 21 世纪初宣布了云计算计划，在其技术白皮书 Cloud Computing 中的云计算定义为：云计算一词用来同时描述一个系统平台或者一种类型的应用程序。一个云计算的平台按需进行动态地部署（Provision）、配置（Configuration）、重新配置（Reconfigure）以及取消服务（Deprovision）等。在云计算平台中的服务器可以是物理的服务器或者虚拟的服务器。高级的计算云通常包含一些其他的计算资源，如存储区域网络（SANs）网络设备、防火墙及其他安全设备等。云计算在描述应用方面，描述了一种可以通过互联网 Internet 进行访问的可扩展的应用程序。云应用使用大规模的数据中心及功能强劲的服务器来运行网络应用程序与网络服务。任何一个用户可以通过合适的互联网接入设备及一个标准的浏览器就能够访问一个云计算应用程序。

云计算将互联网上的应用服务及在数据中心提供这些服务的软硬件设施进行统一的管理和协同合作。云计算将 IT 相关的能力以服务的方式提供给用户，允许用户在不了解提供服务的技术、没有相关知识及设备操作能力的情况下，通过 Internet 获取需要的服务，具有高可靠性、高扩展性、高可用性、支持虚拟技术、廉价及服务多样性的特点。

4. 工业大数据技术

大数据（Big Data）一般指体量特别大，数据类别特别多的数据集，并且无法用传统数据库工具对其内容进行抓取、管理和处理。大数据具有 5 个主要的技术特点，可以总结为"5V 特征"。

(1) 数据量（Volumes）大。计量单位从 TB 级别上升到 PB、EB、ZB、YB 及以上级别。

(2) 数据类别（Variety）大。数据来自多种数据源，数据种类和格式日渐丰富，既包含生产日志、图片、声音，又包含动画、视频、位置等信息，已冲破了以前所限定的结构化数据范畴，囊括了半结构化和非结构化数据。

(3) 数据处理速度（Velocity）快。在数据量非常庞大的情况下，也能够做到数据的实时处理。

(4) 价值密度（Value）低。随着物联网的广泛应用，信息感知无处不在，信息海量，但存在大量不相关信息，因此，需要对未来趋势与模式做可预测分析，利用机器学习、人工智能等进行深度复杂分析。

(5) 数据真实性（Veracity）高。随着社交数据、企业内容、交易与应用数据等新数据源的兴起，传统数据源的局限被打破，企业愈发需要有效的信息之力，以确保其真实性及安全性。

大数据是工业 4.0 时代的重要特征。目前，数字化、网络化和智能化等现代化制造与管理理念已经在工业界普及，工业自动化和信息化程度得到前所未有的提升。而工业产品遍布全球各个角落，这些产品从设计制造到使用维护再到回收利用，整个生命周期都涉及海量的数据，这些数据就是工业大数据。

机器学习和数据挖掘是大数据的关键技术。机器学习最初的研究动机是让计算机系统具有人的学习能力，以便实现人工智能，目前被广泛采用的机器学习的定义是"利用经验来改善计算机系统自身的性能"。事实上，由于"经验"在计算机系统中主要是以数据的形式存在的，因此，机器学习需要设法对数据进行分析，这就使得它逐渐成为智能数据分析技术的创新源之一，并且为此受到越来越多的关注。数据挖掘和知识发现通常被相提并论，并在许多场合被认为是可以相互替代的术语。对数据挖掘有多种文字不同但含义接近的定义，如"识别出巨量数据中有效的、新颖的、潜在有用的、最终可理解的模式的非平凡过程"。顾名思义，数据挖掘就是试图从海量数据中找出有用的知识。数据挖掘可以视为机器学习和数据库的交叉，它主要利用机器学习提供的技术来分析大数据和管理大数据。

5. 射频识别技术

射频识别（Radio Frequency Identification，RFID）技术又称为无线射频识别，是一种无线通信技术，可以通过无线电信号识别特定目标并读写相关数据，识别系统与特定目标之间无须进行机械或光学接触。常用的无线射频有低频（125～134.2kHz）、高频（13.56MHz）和超高频（860～928MHz，全球各标准不一）三种。RFID读写器分为移动式和固定式两种。RFID通过将小型的无线设备贴在物件表面，并采用RFID阅读器自动进行远距离读取，提供了一种精确、自动、快速地记录和收集目标的工具。

RFID技术已成为制造型企业业务流程精益化的关键之一，可以有效减少企业的生产库存，提高生产率和质量，从而提高制造企业的竞争力。早在2000年，空客公司就认识到这种技术优势，应用RFID技术与各大航空公司进行工具租赁业务。之后，空客有15个项目的赢利都得益于RFID技术。之后，空客公司决定在全公司范围内使用零件序列化的自动识别技术（包括RFID），增加飞机全生命周期的可视化，被称为价值链可视化（VCV）计划，空客公司则称之为"空客业务雷达"。RFID技术成为简化业务流程、降低库存和提高经营活动效率与质量的强大武器，大大提高了企业竞争优势。

6. 实时定位和机器视觉技术

在实际生产制造现场，需要对多种材料、零件、工具、设备等资产进行实时跟踪管理；在制造的某个阶段，材料、零件、工具等需要及时到位和撤离；在生产过程中，需要监视制品的位置行踪，以及材料、零件、工具的存放位置等。这样，在生产系统中需要建立一个实时定位网络系统，以完成生产全过程中角色的实时位置跟踪，这就是实时定位系统（Real Time Location System，RTLS）。

RTLS是一种基于信号的无线电定位手段，可以采用主动式，或者被动感应式。其中，主动式无线电定位手段分为AOA（到达角度定位）及TDOA（到达时间差定位）TOA（到达时间）、TW－TOF（双向飞行时间）、NFER（近场电磁测距）等。未来世界是一个无处不在的感知世界，物联网的兴起将掀起定位技术革新的又一波新高潮，实时定位已经成为一种应用趋势。

机器视觉系统是指通过机器视觉产品（即图像摄取装置，分CMOS和CCD两种）将被摄取目标转换成图像信号，传送给专用的图像处理系统，根据像素分布和亮度、颜色等信息，转变成数字化信号；图像系统对这些信号进行各种运算来抽取目标的特征，进而根据判别的结果来控制现场的设备动作。它是计算机学科的一个重要分支，它综合了光学、机械、电子、计算机软硬件等方面的技术，涉及计算机、图像处理、模式识别、人工智能、信号处理、光机电一体化等多个领域，是用于生产、装配或包装的有价值的机制。它在检测缺陷和防止缺陷产品被配送到消费者的功能方面具有不可估量的价值。

机器视觉系统的特点是提高生产的柔性和自动化程度。在一些不适合人工作业的危险工作环境或人工视觉难以满足要求的场合，常用机器视觉来替代人工视觉；同时在大批量工业生产过程中，用人工视觉检查产品质量效率低且精度不高，用机器视觉检测方法可以大大提高生产效率和生产的自动化程度。而且机器视觉易于实现信息集成，是实现计算机集成制造的基础技术，可以在较快的生产线上对产品进行测量、引导、检测和识别，并能保质保量地完成生产任务。

7. 人工智能技术

人工智能（Artificial Intelligence，AI）是研究用于模拟、延伸和扩展人的智能的理论、方法、技术及应用系统的一门技术，目标是让机器像（单一）个体一样思考和学习，从而理解世界。

近年来，随着深度学习算法、脑机接口技术进步，人工智能基本理论和方法的研究开始出现新的变化，特别 2022 年底 OpenAI 发布了其强大的语言模型 ChatGPT 以来，人工智能的发展便迈入了一个全新的阶段。ChatGPT 凭借其卓越的语言生成能力，不仅能够进行高质量的对话交流，还能撰写文章、创作故事、翻译文本甚至编写代码，这标志着自然语言处理（NLP）技术取得了重大进展。

二、工业 4.0

（一）"工业 4.0"的概念

"工业 4.0" 在德国被认为是第四次工业革命，旨在支持工业领域新一代革命性技术的研发与创新，保持德国的国际竞争力。

与美国流行的第三次工业革命的说法不同，德国将制造业领域技术的渐进性描述为工业革命的四个阶段，即"工业 4.0"的进化历程。

（1）工业 1.0。18 世纪 60 年代至 19 世纪中期，通过水力和蒸汽机实现的工厂机械化可称为工业 1.0。这次工业革命的结果是机械生产代替了手工劳动，经济社会从以农业、手工业为基础转型到了以工业以及机械制造带动经济发展的模式。

（2）工业 2.0。19 世纪后半期至 20 世纪初，在劳动分工的基础上采用电力驱动产品的大规模生产可称为工业 2.0。这次工业革命，通过零部件生产与产品装配的成功分离，开创了产品批量生产的新模式。

(3) 工业 3.0。始于 20 世纪 70 年代并一直延续到现在，电子与信息技术的广泛应用，使得制造过程不断实现自动化，可称为工业 3.0。自此，机器能够逐步替代人类作业，不仅接管了相当比例的"体力劳动"，还接管了一些"脑力劳动"。

(4) 工业 4.0。德国学术界和产业界认为，未来 10 年，基于信息物理系统（Cyber Physical System，CPS）的智能化，将使人类步入以智能制造为主导的第四次工业革命。产品全生命周期和全制造流程的数字化以及基于信息通信技术的模块集成，将形成一个高度灵活、个性化、数字化的产品与服务的生产模式。

(二) "工业 4.0" 的战略要点

"工业 4.0" 的战略要点可以概括为建设一个网络、研究两大主题、实现三项集成、实施八项计划。

1. 一个网络——信息物理系统

信息物理系统（Cyber Physical System，CPS）是一个将计算（Computing）、通信（Communication）、控制（Controlling）的 3C 技术进行有机融合和深度协作，实现工程系统的实时感知、动态控制和信息服务的网络化物理设备系统。在 CPS 网络环境下，应用数字化技术将物理实体抽象为数字对象，通过一系列计算进程和物理进程的融合和反馈循环，实现系统对象间的相互通信与操作控制，使系统具有计算、通信、控制、远程协作和自治管理的功能。

CPS 是实现工业 4.0 的重要基础。工业 4.0 通过 CPS 可将生产制造过程的物理世界与信息软件中的虚拟世界建立交互关系，实现生产过程与信息系统的融合，可使系统中人员、设备与产品实时连通、相互识别和有效交流，以高度灵活、个性化和数字化的智能制造模式实现工业全方位的变革。

2. 两大主题

(1) 智能工厂。智能工厂是在数字化工厂的基础上，利用物联网技术和监控技术加强信息管理和服务，提高生产过程可控性，减少生产线人工干预，以及合理计划排程。同时集智能手段和智能系统等新兴技术于一体，构建高效、节能、绿色、环保、舒适的人性化工厂。其本质是人机有效交互。智能工厂是未来智能基础设施的关键组成部分，重点研究智能化生产系统及过程以及网络化分布生产设施的实现。

(2) 智能生产。智能生产是基于新一代信息技术，贯穿设计、生产、管理、服务等制造活动各个环节,具有信息深度自感知、智慧优化自决策、精准控制自执行等功能的先进制造过程、系统与模式的总称。具有以智能工厂为载体、以关键制造环节智能化为核心、以端到端数据流为基础、以网络互联为支撑等特征,可有效缩短产品研制周期、降低运营成本、提高生产效率、提升产品质量、降低资源能源消耗。智能生产的侧重点在于将人机互动、智能物流管理、3D打印等先进技术应用于整个工业生产过程,从而形成高度灵活、个性化、网络化的产业链。生产流程智能化是实现"工业4.0"的关键。

3. 三项集成

(1) 横向集成。即通过CPS价值链,实现企业间的资源整合,以提供实时的产品与服务,推动企业间的研产供销、经营管理与生产控制、业务与财务流程的无缝衔接和综合集成,实现在不同企业间的产品开发、生产制造、经营管理等信息共享和业务协同。

(2) 端到端集成。端到端集成是贯穿整个CPS价值链的数字化集成,即将所有该连接的端点都予以互联集成起来。由于整个产业生态圈中的每一个端点所用语言及通信协议不一样,数据采集格式、采集频率也不一样,要让这些异构的端点实现互联互通、相互感知,需要一个能够做到"同声翻译"的平台,实现"书同文、车同轨",以解决集成的最大障碍。

(3) 纵向集成。德国工业4.0所要求的纵向集成是指企业内部管理流程的集成。一个制造型企业的业务流程通常是从客户订单开始,经产品研发、工程设计、工艺规划、加工检验、营销服务,从而形成一个完整的产品生命周期链。纵向集成就是要求在企业整个产品生命周期链的所有环节实现其信息流、资金流和物料流的集成。

4. 八项计划

工业4.0是一项中长期的发展规划,实施八项计划是工业4.0得以实现的基本保障。

(1) 标准化和参考框架。工业4.0是通过价值网络将合作伙伴进行联网和集成,这就要求各自遵守一套单一共同的标准,实现相互之间信息的共享和交换。为此,需要建立一个参考框架为这些共同标准提供技术说明和相关规定的执行,并要求该参考框架适用于所有合作伙伴公司的产品和服务。

(2) 复杂系统的管理模型。随着产品和制造系统日趋复杂,工业4.0需要通过一种合适的模型来管理这些日益复杂的系统。工业4.0建模要有整体全局的观念,要综合考虑到不同行业的产品及其相关的制造工艺过程。

(3) 一套综合的工业宽带网基础设施。可靠、全面和高质量的通信网络是工业4.0的一个必要条件,需要在德国以及与其伙伴国家之间大规模地扩展建设宽带互联网基础设施。

（4）安全和保障。安全和保障是工业4.0成功的重要因素。一方面要确保生产实施和产品本身不能对人和环境构成威胁；另一方面要对生产实施和产品所包含的数据和信息加以保护，防止盗用和未经授权的获取。

（5）工作的组织和设计。工业4.0将使员工的工作内容、工作流程、工作环境以及所担负的角色发生改变，这就需要更新现有工作组织和设计模型，使员工的高度个人责任感和自主权与分散的领导和管理方法相适应，让员工拥有更大的自由度做出自我决定，更多地参与和调节他们自身的工作内容和工作负荷。

（6）培训和持续的职业发展。工业4.0将极大地改变员工的工作和应有的技能，需要以一种能促进学习和实施适当培训的策略组织工作，使员工保持终身学习和以工作场所为基础的持续专业发展的计划。

（7）制度与法规。虽然工业4.0没有完全涉足目前未知的法律监管领域，但也需要调整现行的制度与法规，以确保创新技术符合政府法律和监管框架，包括企业数据保护、职责承担、个人数据处理和贸易限制等。这不仅需要政府立法，也需要代表企业的其他监管措施，包括实施准则、示范合同和公司协议等。

（8）资源利用效率。制造业是工业化国家最大的原材料消费者，也是能源和电力的主要消费者，必然会导致对环境和供应安全的风险。工业4.0需要通过技术改进和相关法规，以提高单位资源的生产率和有限资源的利用率，使其带来的风险最小化。

总之，工业4.0战略核心就是通过CPS网络实现人、设备与产品的实时连通、相互识别和高效交流，从而构建一个高度灵活的个性化和数字化的智能制造模式。

第三节　现代机械工程教育

一、机械工程的基础理论

机械工程的基础理论有画法几何、机械制图、机械原理、机械零件、机械设计、热力学、燃烧学、流体力学、摩擦学、互换性、机械振动、传动、金属工艺学等。

制造机械的基本物质是材料。人类在同自然界的斗争中，不断改进用以制造工具的材料。最早是用天然的石头和木材制作工具，之后逐步发现和使用金属。另外，宝石、玻璃和特种陶瓷材料等在机械工程中的应用也逐步扩大。机械产品的可靠性和先进性，除设计因素外，在很大程度上取决于所选用材料的质量和性能。

电子学是一门以应用为主要目的的科学和技术。电子学用于机械，极大地提高了机械工业的劳动生产率。电子技术与机械相结合产生了各种类型的数控机床、机械手和机器人，出现了由它们组合起来的全自动化的和柔性的生产线，用于生产检验，可以有效地控制机械产品质量，指示产品设计和生产的改进方向。

计算机科学与技术是一门实用性很强、发展极其迅速的、面向社会的技术学科。机械工程与计算机科学技术相结合，使机械产品的开发、设计、制造、安装、运用发生了重大变革，产生了显著的经济效益和社会效益。计算机嵌入机械产品之中，通常会使产品更新换代，并且有可能进一步引起机械产品结构发生变化，微处理器和微计算机已嵌入机械设备中，使这些产品向智能化方向发展。计算机被引入各种机械生产过程系统中，使生产过程的自动化水平大大提高，劳动生产率上升，质量提高，成本下降。

机械工程的核心是机械设计技术、机械工艺技术和有关的管理技术，材料是基础，而电子学和计算机科学与技术则是手段。

（一）画法几何（Descriptive Geometry）

画法几何，是研究在平面上用图形表示形体和解决空间几何问题的理论和方法的学科。画法几何是机械制图的投影理论基础，它应用投影的方法研究多面正投影图、轴测图、透视图和标高投影图的绘制原理，其中多面正投影图是主要研究内容。画法几何的内容还包含投影变换、截交线、相贯线和展开图等。

（二）机械制图（Machine Drawing）

机械制图，是用图样确切表示机械的结构形状、尺寸大小、工作原理和技术要求的学科。图样由图形、符号、文字和数字等组成，是表达设计意图和制造要求以及交流经验的技术文件，常被称为工程界的语言。

为使人们对图样中涉及的格式、文字、图线、图形简化和符号含义有一致的理解，制定出统一的规格，并发展成为机械制图标准，各国一般都有自己的国家标准，国际上有国际标准化组织（ISO）制定的标准。

在机械制图标准中规定的项目有图纸幅面及格式、比例、字体和图线等。

机械图样种类主要有零件图和装配图，此外还有布置图、示意图和轴测图等。零件图表达零件的形状、大小以及制造和检验零件的技术要求。装配图表达机械中所属各零件与部件间的装配关系和工作原理。布置图表达机械设备在厂房内的位置。示意图表达机械的工作原理。

（三）机械原理（Theory of Machines and Mechanisms）

机械原理是研究机械中机构的结构和运动，以及机器的结构、受力、质量和运动的学科。人们一般把机构和机器合称为机械。机构是由两个以上的构件通过活动连接以实现规定运动的组合体。机器由一个或一个以上的机构组成，用来做有用的功或完成机械能与其他形式的能量之间的转换。这一学科的主要组成部分为机构学和机械动力学。

机构学的研究对象是机器中的各种常用机构，如连杆机构、凸轮机构、齿轮机构和间歇运动机构等。它的研究内容是机构结构的组成原理和运动确定性，以及机构的运动分析和综合。机构学在研究机构的运动时仅从几何的观点出发，而不考虑力对运动的影响。

机械动力学的研究对象是机器或机器的组合。研究内容是确定机器在已知力作用下的真实运动规律及其调节、摩擦力和机械效率、惯性力的平衡等问题。

（四）机械零件（Machine Element）

机械零件是研究和设计各种设备中机械基础件的一门学科，也是零件和部件的泛称。机械零件作为一门学科的具体内容包括：

（1）零（部）件的连接，如螺纹连接、楔连接、销连接、键连接、花键连接、过盈配合连接、弹性环连接、铆接、焊接和胶接等。

（2）传递运动和能量的带传动、摩擦轮传动、链传动、谐波传动、齿轮传动、绳传动和螺旋传动等机械传动，以及传动轴、联轴器、离合器和制动器等相应的轴系零（部）件。

（3）起支承作用的零（部）件，如轴承、箱体和机座等。

（4）起润滑作用的润滑系统和密封等。

（5）弹簧等其他零（部）件。

作为一门学科，机械零件从机械设计的整体出发，综合运用各有关学科的成果，研究各种基础件的原理、结构、特点、应用、失效形式、承载能力和设计程序，研究设计基础件的理论、方法和准则，并由此建立了本学科的结合实际的理论体系，成为研究和设计机械的重要基础。

自从出现机械，就有了相应的机械零件。但作为一门学科，机械零件是从机械构造学和力学分离出来的。随着机械工业的发展，新的设计理论和方法、新材料、新工艺的出现，机械零件进入了新的发展阶段。有限元法、断裂力学分析、弹性流体动压润滑、优化设计、可靠性设计、计算机辅助设计、系统分析和设计方法学等理论，已逐渐用于机械零件的研究和设计。更好地实现多种学科的综合，实现宏观与微观相结合，探求新的原理和结构，更多地采用动态设计和精确设计，更有效地利用电子计算机，进一步发展设计理论和方法，是这一学科发展的重要趋向。

（五）机械设计（Machine Design）

机械设计是根据使用要求对机械的工作原理、结构、运动方式、力和能量的传递方式、各个零件的材料和形状尺寸、润滑方法等进行构思、分析和计算，并将之转化为具体的描述以作为制造依据的工作过程。

机械设计是机械工程的重要组成部分，是机械生产的第一步，是决定力学性能的最主要的因素。机械设计的努力目标是在各种限定的条件（如材料、加工能力、理论知识和计算手段等）下设计出最好的机械，即做出优化设计。优化设计需要综合地考虑许多要求，一般有最好工作性能、最低制造成本、最小尺寸和质量、最可靠使用性、最低消耗和最少环境污染。这些要求常是互相矛盾的，而且它们之间的相对重要性因机械种类和用途的不同而异。设计者的任务是按具体情况权衡轻重，统筹兼顾，使设计的机械有最优的综合技术经济效果。过去，设计的优化主要依靠设计者的知识、经验和远见。随着机械工程基础理论和价值工程、系统分析等新学科的发展，制造和使用的技术经济数据资料的积累，以及计算机的推广应用，优化至逐渐舍弃主观判断而依靠科学计算。

服务于不同产业的不同机械，应用不同的工作原理，要求不同的功能和特性。各产业机械的设计，特别是整体和整系统的机械设计，须依附于各有关的产业技术而难以形成独立的学科。因此出现了农业机械设计、矿山机械设计、纺织机械设计、汽车设计、船舶设计、泵设计、压缩机设计、汽轮机设计、内燃机设计、机床设计等专业性的机械设计分支学科。但是，这些专业设计又有许多共性技术，例如机构分析和综合、力与能的分析和计算、工程材料学、材料强度学、传动、润滑、密封，以及标准化、可靠性、工艺性、优化等。此外，还有研究设计工作的内在规律和设计的合理步骤和方法的新兴的设计方法学。将机械设计的共性技术与理性化的设计方法学汇集成为一门独立的、综合性的机械设计学科是机械工程实践和教育工作者正在努力的工作。

机械设计可分为新型设计、继承设计和变形设计三类。

（六）热力学（Thermodynamics）

热力学是研究热现象中，物质系统在平衡时的性质和建立能量的平衡关系，以及状态发生变化时，系统与外界相互作用（包括能量传递和转换）的学科。工程热力学是热力学最先发展的一个分支，它主要研究热能与机械能和其他能量之间相互转换的规律及其应用,是机械工程的重要基础学科之一。

工程热力学的基本任务:通过对热力系统、热力平衡、热力状态、热力过程、热力循环和工质的分析研究,改进和完善热力发动机、制冷机和热泵的工作循环,不断提高热能利用率和热功转换效率。为此,必须以热力学基本定律为依据,探讨各种热力过程的特性;研究气体和液体的热物理性质,以及蒸发和凝结等相变规律,研究溶液特性也是分析某些类型制冷机所必需的。现代工程热力学还包括诸如燃烧等化学反应过程和溶解吸收或解析等物理化学过程,这就又涉及化学热力学方面的基本知识。

工程热力学是关于热现象的宏观理论,研究的方法是宏观的,它以归纳无数事实所得到的热力学第一定律(各种形式能量在相互转换时总能量守恒)、热力学第二定律(能量贬值)和热力学第三定律(绝对零度不可达到)作为推理的基础,通过物质的压力、温度、比热容等宏观参数(见热力状态)和受热、冷却、膨胀、收缩等整体行为,对宏观现象和热力过程进行研究。这种方法,把与物质内部结构有关的具体性质当作宏观真实存在的物性数据予以肯定,不需要对物质的微观结构做任何假设,所以分析推理的结果具有高度的可靠性,而且条理清楚,这是它的独特优点。

(七)燃烧学(Combustion Science)

燃烧学是研究着火、熄火和燃烧机理的学科。燃烧是指燃料与氧化剂发生强烈化学反应,并伴有发光发热的现象。燃烧不单纯是化学反应,而是反应、流动、传热和传质并存、相互作用的综合现象。燃烧学的研究内容通常包括:燃烧过程的热力学,燃烧反应的动力学,着火和熄火理论,预混气体的层流和湍流燃烧,液滴和煤粒燃烧,液雾、煤粉和流化床燃烧,推进剂燃烧,爆燃燃烧,边界层和射流中的燃烧,湍流和两相燃烧的数学模型,以及燃烧的激光诊断等。

燃烧学是一门正在发展中的学科。能源、航天、航空、环境工程和火灾防治等方面提出了许多有待解决的重大问题,诸如高强度燃烧、低品位燃料燃烧(以重油代轻油,以煤代油,以劣质煤代优质煤等)、煤浆(油—煤,水—煤,油—水—煤等)燃烧、流化床燃烧、催化燃烧、渗流燃烧、燃烧污染物排放和控制、火灾起因和防治等。

燃烧学的进一步发展与湍流理论、多相流体力学、辐射传热学和复杂反应的化学动力学等学科的发展相互渗透。

(八)流体力学(Fluid Mechanics)

流体力学是研究流体的平衡和运动的学科。流体力学主要研究流体(液体和气体)在静止或运动时的基本规律,以及流体与所接触的物体之间的相互作用。在机械工程中,诸如流体机械、锅炉、内燃机和液压传动、管道等的设计、测试和控制,以及润滑、噪声、燃烧、传热、射流等方面都需要运用流体力学的知识。

流体力学包括流体静力学、流体运动学和流体动力学。流体静力学研究流体静止时的规律;流体运动学从几何观点研究流体运动的规律;流体动力学研究流体运动的规律和流体与边界之间的相互作用。流体动力学按其研究对象的不同,又可分为水力学、空气动力学和气体动力学。实际流体具有黏性和压缩性,因而十分复杂。为简化起见,可把流体简化为不可压缩的和无黏性的两种基本模型,相应地可把流体动力学分为无黏性不可压缩流体动力学和黏性不可压缩流体动力学等,前者又称为经典流体动力学。近代又形成了高速气体动力学、稀薄气体动力学、等离子体动力学、化学流体力学和多相流体力学等分支。

随着科学技术的迅猛发展,流体力学渗透到其他一些学科中,构成新的分支,如电磁流体力学、化学流体力学和生物流体力学。

流体的物理性质主要包括流动性、压缩性、黏性、表面张力和毛细现象。

(九) 摩擦学 (Tribology)

摩擦学是研究表面摩擦行为的学科。摩擦学是具体研究相对运动的相互作用表面间的摩擦、润滑和磨损,以及三者间相互关系的基础理论和实践(包括设计和计算、润滑材料和润滑方法、摩擦材料和表面状态,以及摩擦故障诊断、监测和预报等)的一门边缘学科。世界上使用的能源有 $1/3 \sim 1/2$ 消耗于摩擦。如果能够尽力减少无用的摩擦消耗,便可大量节省能源。另外,机械产品的易损零件大部分是由于磨损超过限度而报废和更换的,如果能控制和减少磨损,则既可减少设备维修次数和费用,又能节省制造零件及其所需材料的费用。不过,摩擦也有可供利用的一面。

摩擦学研究的对象很广泛,在机械工程中主要包括以下几个方面:

(1) 动、静摩擦副,如滑动轴承、齿轮传动、螺纹连接、电气触头和磁带录音头等。

(2) 零件表面受工作介质摩擦或碰撞、冲击问题,如犁铧、水轮机转轮等。

(3) 机械制造工艺的摩擦学问题,如金属成型加工、切削加工和超精加工等。

(4) 弹性体摩擦服,如汽车轮胎与路面的摩擦、弹性密封的动力渗漏等。

(5) 特殊工况条件下的摩擦学问题,如宇宙探索中遇到的高真空、低温和离子辐射等,深海作业的高压、腐蚀、润滑剂稀释、防漏密封等。

第六章 机械工程新发展

(十) 互换性 (Interchange Ability)

互换性是指机械制造中按规定的几何和力学物理性能等参数的允许变动量来制造零件和部件,使其在装配或维修更换时不需要选配或辅助加工便能装配成机器并满足技术要求的性能。几何参数包括尺寸大小、几何形状、相互位置、表面粗糙度、角度和锥度等;力学物理性能参数通常指硬度、强度和刚度等。机器的零件和部件的各种参数不可能也不必要达到绝对的准确值,只要实际值保持在规定的变动范围之内就能满足技术要求。参数值规定的允许变动量称为公差。

就装配互换性而言,研究的对象主要是零件基本要素(构成零件的点、线、面)和通用零部件(轴承、键和花键、螺纹、齿轮等)的几何参数公差及其检验方法的标准化问题。基本内容有尺寸公差和圆柱结合的互换性、形状和位置公差、表面粗糙度、表面波度、角度公差和圆锥结合的互换性、量规公差和光滑工件尺寸的检验、键与花键结合的互换性、螺纹结合的互换性、齿轮和蜗轮传动的互换性、尺寸链等。随着对机械产品质量和性能要求的不断提高,除装配互换性外,还要求零件和部件有一定的工作稳定性和可靠性。例如对齿轮传动,既要规定影响传动准确性、工作平稳性和负载均匀性的几何参数误差,又要规定材料、硬度、热处理形式、噪声大小等力学物理性能参数的允许值及其范围。功能互换性的研究有助于提高产品质量和生产水平。

(十一) 机械振动 (Mechanical Vibration)

机械振动是物体或质点在其平衡位置附近所做的往复运动。振动的强弱用振动量来衡量,振动量可以是振动体的位移、速度或加速度。振动量如果超过允许范围,机械设备将产生较大的动载荷和噪声,从而影响其工作性能和使用寿命,严重时会导致零、部件的早期失效。例如,透平叶片因振动面产生的断裂,可以引起严重事故。由于现代机械结构日益复杂,运动速度日益提高,振动的危害更为突出。反之,利用振动原理工作的机械设备,则应能产生预期的振动。在机械工程领域中,除固体振动外还有流体振动,以及固体和流体耦合的振动。空气压缩机的喘振,就是一种流体振动。

机械振动有不同的分类方法。按产生振动的原因可分为自由振动、受迫振动和自激振动;按振动的规律可分为简谐振动、非谐周期振动和随机振动;按振动系统结构参数的特性可分为线性振动和非线性振动;按振动位移的特征可分为扭转振动和直线振动。

(十二) 传动 (Transmission)

传动是传递动力和运动的装置,也可用来分配能量、改变转速和运动形式。机器通常是通过它将动力机产生的动力和运动传递给机器的工作部分。设置传动的原因是：机器工作部分所要求的速度和转矩与动力机的不一致，有的机器工作部分常需要改变速度，动力机的输出轴一般只作回转运动，而机器工作部分有的需要其他运动形式，如直线运动、螺旋运动或间歇运动等。一般由一台动力机带动若干个机器工作部分，或由几台动力机带动一个机器工作部分。

传动分为机械传动、流体传动和电力传动三大类。机械传动指利用机件直接实现传动，其中齿轮传动和链传动属于啮合传动；摩擦轮传动和带传动属于摩擦传动。流体传动是以液体或气体为工作介质的传动，又可分为依靠液体静压力作用的液压传动、依靠液体动力作用的液力传动、依靠气体压力作用的气压传动。电力传动是利用电动机将电能变为机械能，以驱动机器工作部分的传动。

（十三）金属工艺学（Metal Procession Technology）

金属工艺学是研究在机械制造中金属材料（或坯料、半成品等）的冶炼、铸造、锻压、焊接、金属热处理、切削加工、机械装配等的工艺过程和方法的一门学科。

（十四）机械工程材料（Material for Mechanical Engineering）

机械工程材料是用于制造各类机械零件、构件的材料和在机械制造过程中所应用的工艺材料。

机械工程材料涉及面很广，按属性可分为金属材料和非金属材料两大类。金属材料包括黑色金属和有色金属。有色金属用量虽只占金属材料的 5%，但因具有良好的导热性、导电性，以及优异的化学稳定性和高的比强度等，而在机械工程中占有重要的地位。非金属材料又可分为无机非金属材料和有机高分子材料。此外，还有由两种或多种不同材料组合而成的复合材料。这种材料由于复合效应，具有比单一材料优越的综合性能，成为一类新型的工程材料。

机械工程材料也可按用途分类，如结构材料（结构钢）、工模具材料（工具钢）、耐蚀材料（不锈钢）、耐热材料（耐热钢）、耐磨材料（耐磨钢）和减摩材料等。由于材料与工艺紧密联系，也可结合工艺特点来进行分类，如铸造合金材料、超塑性材料、粉末冶金材料等。

粉末冶金可以制取用普通熔炼方法难以制取的特殊材料，也可直接制造各种精密机械零件。

（十五）电子学（Electronics）

电子学是一门以应用为主要目的的科学和技术，是以电子运动和电磁波及其相互作用的研究和利用为核心而发展起来的，是研究电子在真空、气体、液体、固体和等离子体中运动时产生的物理现象，电磁波在真空、气体、液体、固体和等离子体中传播时发生的物理效应,以及电子和电磁波的相互作用的物理规律的一门科学。电子学不仅致力于这些物理现象、物理效应和物理规律的研究,还致力于这些物理现象、物理效应和物理规律的应用。电子学作为科学技术的门类之一,具有十分鲜明的应用目的性,这是电子学的重要特点之一。

(十六) 计算机科学与技术 (Computer Science and Technique)

计算机科学与技术是一门实用性很强、发展极其迅速的面向社会的技术学科,它建立在数学、电子学(特别是微电子学)、磁学、光学、精密机械等多门学科的基础之上。但是,它并不是简单地应用某些学科的知识,而是经过高度综合形成一整套有关信息表示、变换、存储、处理、控制和利用的理论、方法和技术。

计算机科学是研究计算机及其周围各种现象与规模的科学,主要包括理论计算机科学、计算机系统结构、软件和人工智能等。计算机技术则泛指计算机领域中所应用的技术方法和技术手段,包括计算机的系统技术、软件技术、部件技术、器件技术和组装技术等。计算机科学与技术包括五个分支学科,即理论计算机科学、计算机系统结构、计算机组织与实现、计算机软件和计算机应用。

二、机械工程专业学生的知识结构与能力

机械工程是工学门类中的重要学科。机械工程学科研究机械设计、机械制造、机电传动与控制以及计算机技术等在机械工程领域里的应用。合理的知识结构与能力提升是造就高素质机械工程技术人才的关键。机械工程专业是机械工程师的摇篮,本专业毕业的学生,应该达到以下知识、能力与素质的基本要求。

(一) 工程知识

具有从事工程工作所需的相关数学、自然科学、工程基础和专业知识以及一定的经济管理知识。数学和自然科学知识是工科类专业的基础知识,学好数学和包括物理学、化学以及生物学等在内的自然科学课程是学习专业基础课程和专业课程的基础和前提,也为解决工程实践问题打下理论基础。通过企业管理、市场营销和成本核算等课程的学习,可以掌握复合型机械工程专业人才必需的经济管理知识。

(二) 问题分析

具有综合运用所学科学理论和技术手段分析工程问题的基本能力;能够应用数学、自然科学和工程科学的基本原理,识别、表达并通过文献研究分析复杂工程问题,以获得有效结论。

（三）设计/开发解决方案

能够设计针对复杂工程问题的解决方案，设计满足特定需求的系统、单元（部件）或工艺流程，并能够在设计环节中体现创新意识，考虑社会、健康、安全、法律、文化以及环境等因素。学生应掌握必要的工程基础知识以及本专业的基本理论、基本知识；了解本专业的前沿发展现状和趋势；受过关于本专业实验技能、工程实践、计算机应用、科学研究与工程设计方法的基本训练，具有创新意识和对新产品、新工艺、新技术、新设备进行研究、开发和设计的初步能力。通过系统的学习，学生应具有综合应用所学知识解决机械实际问题的能力和创造性地开展机械工程领域产品研发的能力，以及从事机械系统设计、制造、维护、管理的能力。为此，应掌握本专业的工程基础知识、专业基本理论和专业基本知识，概括起来为五大知识领域。

（1）机械设计原理与方法知识领域。包括五个子知识领域，分别是形体设计原理与方法、机构运动与动力设计原理与方法、结构与强度设计原理与方法、精度设计原理与方法、现代设计理论与方法。

（2）机械制造工程与技术知识领域。包括三个子知识领域，分别是材料科学基础、机械制造技术、现代制造技术。

（3）机械系统中的传动与控制知识领域。包括三个子知识领域，分别是机械电子学、控制理论、传动与控制技术。

（4）计算机应用技术知识领域。包括两个子知识领域，分别是计算机技术基础、计算机辅助技术。

（5）热流体知识领域。包括三个子知识领域，分别是热力学、流体力学、传热学。

在学习和掌握上述理论和知识的基础上，学生应通过学术报告、学术讲座、互联网检索等了解本专业的技术前沿和发展趋势；通过系统的学习和训练，能应用所学的知识创造性地设计一个完整的满足特定需求的机械系统、单元（部件）或工艺流程，并能够在设计环节中体现创新意识；处理好系统中能量的传递与转换，信息的采集、辨识与传输，结构的优化与匹配，零部件制造、装配和维修工艺等问题，并且能对产品市场卖点和竞争力进行评估；能够设计一个完整的机械部件；能正确设计部件的每一个零件（包括材料选用、结构设计、强度校核、刚度验算、精度设定和工艺规划等），合理运用相关的国家和行业标准，正确设计零部件，选择标准件；还能设计机械制造过程，如编制机械系统或部件的实施方案和工艺过程、装配工艺、维修工艺、加工或管理软件等。

学生应初步了解和掌握机械制造过程中的各种主要加工设备，如普通机床、数控机床、加工中心等；具有应用与机械设计制造相关的计算机软、硬件的能力，如能应用 Pro/E、UG、CAD、CAM、CAPP、CAE 等常用的计算机软件，能正确使用机械零部件加工精度与制造质量的监测与检测仪器设备等。

（四）研究

能够基于科学原理并采用科学方法对复杂工程问题进行研究，包括设计实验、分析与解释数据，并通过信息综合得到合理有效的结论。

（五）文献检索和使用现代工具

掌握文献检索、资料查询及运用现代工具获取相关信息和解决复杂工程问题的基本方法。

能运用互联网、图书馆和资料室检索查询所需的文献、资料和信息，在海量的信息中过滤出自己所需的内容。

能够针对复杂工程问题，开发、选择与使用恰当的技术、资源、现代工程工具和信息技术工具，包括预测与模拟复杂工程问题，并能够理解其局限性。

（六）工程与社会

了解与本专业相关的职业和行业的生产、设计、研究与开发的法律、法规，熟悉环境保护和可持续发展等方面的方针、政策和法律、法规，能正确认识工程对于客观世界和社会的影响。

能够基于工程相关背景知识进行合理分析，评价专业工程实践和复杂工程问题解决方案对社会、健康、安全、法律以及文化的影响，并理解应承担的责任。

（七）环境和可持续发展

能够理解和评价针对复杂工程问题的专业工程实践对环境、社会可持续发展的影响。

了解国家的相关产业政策，具有基本的法律知识和行为道德准则，遵纪守法，有强烈的环保意识和较强的知识产权意识。学习并掌握绿色设计和绿色制造的理论和知识，明确认识本专业所从事的一切工作是在国家法律、法规框架下有利于环境保护和社会可持续发展的技术活动。

（八）职业规范

具有人文社会科学素养、社会责任感，能够在工程实践中理解并遵守工程职业道德和规范，履行责任。

机械工业是国民经济的支柱产业，机械工业中的制造业是关系国计民生和国家安全的重要行业，学生应该具有良好的人文科学素养、强烈的社会责任感和历史使命感，要有为推进国家机械科学技术进步和机械工业发展献身的精神，以及为研发国家经济建设所需机电装备而不懈努力的决心。学生应该热爱专业，不断探索和钻研机械工程技术难题，勇敢地承担起社会责任，树立良好的职业道德。

（九）个人和团队

能够在多学科背景下的团队中承担个体、团队成员以及负责人的角色，具有一定的组织管理能力和较强的表达能力。

仅凭一个人的能力和知识面，很难完成一个现代机械系统的设计与制造。学生应该具备一定的团队组织能力，领导团队成员合作共事，齐心协力，共同完成任务；应能在团队中发挥自己的技术特长，善于与团队成员沟通思想、交流体会。

（十）沟通交流

具有交往能力以及在团队中发挥作用的能力；能够就复杂工程问题与业界同行及社会公众进行有效沟通和交流，包括撰写报告和设计文稿、陈述发言、清晰表达或回应指令；并具备一定的国际视野，能够在跨文化背景下进行沟通和交流。

沟通能力主要体现在以下三个方面：

（1）能有效地以书面形式交流观点、思想和想法。

（2）在正式场合和非正式场合都能借助恰如其分的肢体语言有效地口头表达自己的意愿和思想情感。

（3）能准确地理解他人的感受和所表述的内容，并且能切题地发表自己的见解或提出建设性的意见。

（十一）项目管理

理解并掌握工程管理原理与经济决策方法，并能在多学科环境中应用。

（十二）终身学习和发展能力

具有自主学习和终身学习的意识，有不断学习和适应发展的能力。在知识经济时代，随着科技的进步、知识的爆炸、新知识的激增，知识的更新速度加快，知识的陈旧周期不断缩短。树立终身学习的理念、养成终身学习的习惯、具备终身学习的能力是适应社会进步的需要。

随着社会的进步，机械工程学科面临的问题往往涉及多学科的交叉与融合，并且随着相关学科的发展和相关技术的涌现而不断变化。只有不断学习才能跟上科技发展的需求，牢固树立终身学习的观念、强化不断学习的意识方能应对科技飞速发展的挑战。

终身学习的能力有赖于宽厚的基础理论知识、较强的自学能力和强烈的渴求知识的欲望。学生在校学习期间，应刻苦钻研基础理论，牢固掌握基础知识，熟练掌握基本技能，为今后的发展打下宽厚的基础；通过创新意识和创新能力的培养，不断激励求知欲望和学习兴趣，培养自学能力，更好地达到完善自我和适应社会的目的。终身学习不能理解为每天不间断地学习，而应该是：①具备终身学习的思想意识；②延续到每个人一生的整个过程；③具有不断汲取新知识、掌握新技术的思想追求，具备与时俱进的学习能力；④增加主动学习的兴趣，增强渴求知识的欲望；⑤学会学习，掌握正确的自学方法。

参考文献

[1] 洪露，郭伟，王美刚．机械制造与自动化应用研究［M］．北京：航空工业出版社，2019.01．

[2] 许明清．电气工程及其自动化实验教程［M］．北京：北京理工大学出版社，2019.10．

[3] 彭江英，周世权．工程训练·机械制造技术分册［M］．武汉：华中科技大学出版社，2019.12．

[4] 吴松林，赵冲，王宁．机械工程测试技术［M］．北京：北京理工大学出版社，2019.01．

[5] 杨杰．机械制造装备设计［M］．武汉：华中科技大学出版社，2019.10．

[6] 黄小兵，张勇，王忠．普通高等教育机械类课程规划教材·机械工程专业实验指导书［M］．北京：北京理工大学出版社，2019.07．

[7] 简正豪，姜毅．机械工程训练［M］．北京：北京理工大学出版社，2019.07．

[8] 赵群．机械工程控制基础［M］．北京：北京理工大学出版社，2019.10．

[9] 张兆隆．机械制造技术［M］．北京：北京理工大学出版社，2019.09．

[10] 李奕晓．机械设计基础［M］．成都：电子科技大学出版社，2019.07．

[11] 胡庆夕，赵耀华，张海光．电子工程与自动化实践教程［M］．北京：机械工业出版社，2020.05．

[12] 陈敏．基于城市轨道交通机电技术特色的机械制造与自动化专业群人才培养方案［M］．成都：西南交通大学出版社，2020.10．

[13] 魏曙光，程晓燕，郭理彬．人工智能在电气工程自动化中的应用探索［M］．重庆：重庆大学出版社，2020.09．

[14] 熊良山．机械制造技术基础·第 4 版［M］．武汉：华中科技大学出

版社，2020.11.

[15] 陈俊著，王录雁. 工程机械大型运输机装运研究［M］. 北京：北京工业大学出版社，2020.06.

[16] 宋建梅. 自动控制原理［M］. 北京：北京理工大学出版社，2020.10.

[17] 陈革，孙志宏. 纺织机械设计基础［M］. 北京：中国纺织出版社，2020.08.

[18] 许丽佳. 自动控制原理［M］. 北京：机械工业出版社，2020.07.

[19] 周智勇，王芸. 机械制造工程与自动化应用［M］. 长春：吉林科学技术出版社，2021.08.

[20] 鲁植雄. 机械工程学科导论［M］. 北京：机械工业出版社，2021.10.

[21] 李艳杰. 机械工程控制基础［M］. 北京：机械工业出版社，2021.01.

[22] 喻洪平. 机械制造技术基础［M］. 重庆：重庆大学出版社，2021.06.

[23] 肖维荣，齐蓉. 装备自动化工程设计与实践第2版［M］. 北京：机械工业出版社，2021.06.

[24] 吴拓作. 机械制造工程·第4版［M］. 北京：机械工业出版社，2021.01.

[25] 刘海山，石良滨，杜嵬. 机械工程及自动化应用［M］. 哈尔滨：黑龙江科学技术出版社，2022.07.

[26] 崔井军，熊安平，刘佳鑫. 机械设计制造及其自动化研究［M］. 长春：吉林科学技术出版社，2022.08.

[27] 王均佩. 机械自动化与电气的创新研究［M］. 长春：吉林科学技术出版社，2022.11.

[28] 杨旭. 木业自动化设备零部件CAD制图实用教程［M］. 北京：北京理工大学出版社，2022.11.

[29] 刘向东，胡佑德，陈振. 电气工程及其自动化·自动化专业卓越工程能力培养与工程教育专业认证系列规划教材·伺服系统原理与设计［M］. 北京：机械工业出版社，2022.10.

[30] 王广胜. 木业自动化设备电子产品设计与制作实用教程［M］. 北京：北京理工大学出版社，2022.11.

[31] 陈铭. 自动控制原理·经典控制［M］. 武汉：华中科技大学出版

社，2022.08.

［32］彭芳瑜，唐小卫. 21世纪高等学校机械设计制造及其自动化专业系列教材·数控技术［M］. 武汉：华中科技大学出版社，2022.05.

［33］闫来清. 机械电气自动化控制技术的设计与研究［M］. 中国原子能出版社，2022.09.

［34］黄小良，冯丽，平艳玲. 机械自动化技术［M］. 长春：吉林科学技术出版社，2023.05.

［35］王万良，王铮. 普通高等教育电气工程与自动化类系列教材·自动控制原理·非自动化类［M］. 北京：机械工业出版社，2023.07.

［36］刘建吉，房永智，刘恩龙. 工程机械智能化技术及运用研究［M］. 北京：北京工业大学出版社，2023.04.

［37］王峻峰，黄䢔. 机械工程测控实验教程［M］. 武汉：华中科技大学出版社，2023.04.

［38］徐智. 普通高等教育电气工程自动化工程应用型系列教材·电气控制与三菱FX5U·PLC应用技术［M］. 北京：机械工业出版社，2023.06.